T0381183

SELECTION OF MATERIALS FOR CONCRETE IN DAMS

CHOIX DES MATÉRIAUX POUR LES BÉTONS DE BARRAGE

ICOLD Bulletin 165, **Selection of Materials for Concrete in Dams**, is dedicated to the choice of hydraulic binders and mineral additions as well as adjuvants and waste water. This applies to both conventional concrete (CVC) and roller compacted concrete (RCC) dams. The Bulletin is a Practical Guide for the choice of materials for concrete dams, and provides project actors with the decision-making framework to make the right choices of materials in places where resources may be limited.

Le Bulletin 165 de la CIGB, **Choix des Matériaux Pour les Bétons de Barrage**, comprend des chapitres dédiés au choix des liants hydrauliques et des additions minérales ainsi qu'aux adjuvants et à l'eau de gâchage. Cela concerne aussi bien les bétons conventionnels (CVC) que les bétons compactés au rouleau (RCC). Le Bulletin constitue un Guide Pratique pour le choix des matériaux pour les bétons des barrages. L'apport majeur est de procurer aux acteurs des projets l'ossature décisionnelle pour faire les bons choix de matériaux dans des lieux où les ressources peuvent être limitées.

INTERNATIONAL COMMISSION ON LARGE DAMS
COMMISSION INTERNATIONALE DES GRANDS BARRAGES
6 quai Watier, 78400 Chatou (France)
Telephone : + 33 6 60 53 07 31
http://www.icold-cigb.org./

Cover illustration: Montage of personal photos with copyright permission. Selection of materials for concrete in dams.

Couverture: Montage de photos personnelles avec autorisation de droits d'auteur. Sélection de matériaux pour le béton des barrages.

CRC Press/Balkema is an imprint of the Taylor & Francis Group, an informa business
© 2025 ICOLD/CIGB, Paris, France

Typeset by codeMantra

Published by: CRC Press/Balkema
Schipholweg 107C, 2316 XC Leiden, The Netherlands
e-mail: Pub.NL@taylorandfrancis.com
www.routledge.com – www.taylorandfrancis.com

Original text in English

French translation by Comité Français des Barrages et Réservoirs
Layout by Nathalie Schauner

Texte original en anglais
Traduction en français par Comité Français des Barrages et Réservoirs
Mise en page par Nathalie Schauner

ISBN: 978-1-032-46332-2 (Pbk)
ISBN: 978-1-003-38117-4 (eBook)

COMMITTEE ON CONCRETE DAMS

COMITÉ DES BARRAGES EN BÉTON

(1999–2012)

SOMMAIRE	CONTENTS

TABLE DES MATIÉRES

TABLE OF CONTENTS

TABLEAUX & FIGURES

TABLES & FIGURES

REMERCIEMENTS

Ce Bulletin a été produit sous le patronage du Comité des barrages en béton de la CIGB sous la présidence du Dr. Robin G. Charlwood (USA) et de son vice-président Mr. Jean Launay (France, Co-opté).

Certains documents initiaux ont été rédigés par Jan Alemo (Suède) et ensuite par Walter Pichler (Autriche). Ces documents préliminaires ont été complètement retravaillés dans la présente version.

L'auteur pilote de cette version a été Ole John Berthelsen, membre représentant la Norvège. Contributions complémentaires ont été apportées et relectures ont été faites par les membres suivants du Comité :

Brian Forbes (Australie)	Tsuneo Uesaka (Japon)
Pius Ko (Canada)	Galina Kostyrya (Russie)
Hao Jutao (Chine – Co-Opté)	Quentin Shaw (Afrique de Sud)
Jacques Burdin (France - Co-Opté)	Rafael Ibáñez-de-Aldecoa (Espagne)
Malcolm Dunstan (Grand Bretagne)	Erik Nordström (Suède)
Dali Bondar (Iran)	Marco Conrad (Suisse)
Mario Berra (Italie)	Michael F Rogers (Etats Unis – Co-Opté)

La révision des documents préliminaires a été faire par Harald Kreuzer (Suisse) and Ian Sims (UK).

La traduction en français a été faite par Jacques Burdin avec la supervision de Michel Guérinet – Mai 2022.

ACKNOWLEDGEMENTS

This Bulletin was drafted under the auspices of the ICOLD Committee for Concrete Dams and the Chairmanship of Dr. Robin G. Charlwood (USA) with the Vice-chairman Mr. Jean Launay (France, Co-opted).

Initial partial drafts were developed by Jan Alemo (Sweden) and subsequently by Walter Pichler (Austria). These earlier drafts have been completely reworked in this version.

The lead author of this final version of the Bulletin was Ole John Berthelsen, the member representing Norway. Contributions and reviews were made by the following committee members:

Brian Forbes (Australia)

Pius Ko (Canada)

Hao Jutao (China – Co-Opted)

Jacques Burdin (France - Co-Opted)

Malcolm Dunstan (United Kingdom)

Dali Bondar (Iran)

Mario Berra (Italy)

Tsuneo Uesaka (Japan)

Galina Kostyrya (Russia)

Quentin Shaw (South Africa)

Rafael Ibáñez-de-Aldecoa (Spain)

Erik Nordström (Sweden)

Marco Conrad (Switzerland)

Michael F Rogers (United States – Co-Opted)

Reviews of advanced drafts were made by Harald Kreuzer (Switzerland) and Ian Sims (United Kingdom).

PRÉAMBULE

Le présent Bulletin " Choix des matériaux pour les bétons de barrage" a été à l'origine discuté à l'occasion de la réunion du Comité à Antalya en 1999. Les Termes de Référence définitifs ont été approuvés au cours de la réunion de la Commission Exécutive de la CIGB à Pékin en 2000.

Les Termes de Référence ont précisé que ce Bulletin devait comprendre des chapitres dédiés au choix des liants hydrauliques et des additions minérales ainsi qu'aux adjuvants et à l'eau de gâchage. Ce Bulletin concerne aussi bien les bétons conventionnels (CVC) que les bétons compactés au rouleau (RCC).

Ce Bulletin constitue un Guide Pratique pour le choix des matériaux pour les bétons des barrages. L'apport majeur de ce Bulletin est de procurer aux acteurs des projets l'ossature décisionnelle pour faire les bons choix de matériaux dans des lieux où les ressources peuvent être limitées.

Robin G. Charlwood

Président

Comité des Barrages en Béton

FOREWORD

This Bulletin "Selection of Materials for Concrete in Dams" was initially discussed at the Committee meeting in Antalya in 1999. The final Terms of Reference were approved at the ICOLD Executive Meeting in Beijing in 2000.

The terms of reference stipulated that the Bulletin is to include chapters on selection of: cementitious materials and mineral additions; aggregates; admixtures; and mixing water. The Bulletin addresses both CVC and RCC.

The Bulletin is intended to provide a practical guide to the selection of materials for concrete for dams. A key contribution of the Bulletin is the provision of frameworks to assist in appropriate selection of materials for dams in locations where available sources may be limited.

Robin G. Charlwood

Chairman

Committee on Concrete Dams

21 November 2013

1. INTRODUCTION

Ce Bulletin définit les directives pour faire le choix des matériaux destinés à la production des bétons pour les barrages. Il comprend les chapitres dédiés aux granulats, aux liants hydrauliques, aux additions minérales, aux adjuvants et à l'eau de gâchage.

Le Bulletin 145 de la CIGB « *Les propriétés physiques des bétons conventionnels dans les barrages* » traite sommairement des propriétés des constituants du béton pour ce qui concerne les caractéristiques du béton conventionnel vibré (BCV). Ce bulletin est consacré à ce thème et aborde également le Béton Compacté au Rouleau (BCR).

Le béton pour barrages est, sous certains aspects, différent du béton utilisé pour d'autres ouvrages. Des volumes très importants peuvent être appelés pour respecter les programmes de mise en place. Le contrôle de la chaleur d'hydratation est important dans le choix des composants du liant à base de ciment pour le béton de masse et dans une moindre mesure dans le choix des granulats. Les exigences de résistance du béton de masse dans les barrages sont pour la plupart bien inférieures à celles requises pour le béton de structure. La durée de vie d'un barrage est très longue par rapport à la plupart des autres structures. Pour des raisons économiques, les granulats proviennent normalement de nouvelles sources locales, proches du barrage plutôt que des carrières en place.

Les faces externes du barrage doivent avoir une durabilité adéquate. La durabilité est définie comme la capacité du béton à résister aux intempéries et à l'abrasion, notamment le gel, les fluctuations rapides de température et les circulations d'eau. Cela peut nécessiter l'utilisation de granulats de haute qualité ainsi que d'autres mesures décrites dans ce Bulletin.

Dans la plupart des pays, il existe des normes qui spécifient les qualités, les composants et les exigences minimales à respecter afin d'obtenir un mélange pour béton acceptable. Ces normes ont été développées pour une utilisation courante sur des structures en béton armé ou précontraint qui fonctionnent dans des plages de contraintes différentes de celles d'un barrage. La conformité à ces normes courantes vise à garantir la production d'un béton de bonne qualité. Sous réserve de certaines garanties, il peut être possible d'utiliser des constituants du béton pour barrage qui ne sont pas conformes à ces normes, ou encore, d'adapter la conception du barrage pour permettre l'utilisation de matériaux plus pauvres. Par exemple, des barrages en enrochements et des barrages gravitaires avec des pentes douces en amont et en aval peuvent être envisagés. Ce bulletin fournit des conseils sur la caractérisation de ces matériaux.

Pour tous les grands barrages, un programme conséquent d'échantillonnage, d'essai et de contrôle de la qualité doit être prévu pour les agrégats et autres matériaux, voir Bulletin CIGB 136, « The Specification and Quality Control of Concrete for Dams » « *Les spécifications pour les bétons de Barrage et le Contrôle Qualité* ». Cela s'applique en particulier lorsque les exigences des normes et codes de pratique applicables ne sont pas pleinement respectés. Les écarts peuvent nécessiter l'approbation d'une autorité de supervision où les méthodes d'essai et les résultats sont examinés de près.

Le but de la sélection des matériaux est d'obtenir un béton qui satisfait aux critères de conception au coût le plus bas possible. Les hypothèses de coût qui sous-tendent les évaluations des matériaux dans la phase de conception peuvent s'avérer inexactes à la lumière des prix proposés et il peut être nécessaire de réviser l'évaluation. Les soumissionnaires peuvent procéder à leur propre évaluation sur la base de données d'essai fournies ou supplémentaires afin de proposer le meilleur prix possible.

Un béton avec des propriétés bien équilibrées est nécessaire, ce qui inclut la prise en compte de la résistance, de l'ouvrabilité, de l'échauffement, du retrait, du fluage et de la durabilité. Ces propriétés ne peuvent pas être optimisées indépendamment et la conception des différentes compositions des bétons sont nécessairement des compromis résultant des propriétés des constituants

1.   INTRODUCTION

This Bulletin provides guidelines for selection of materials for concrete dams. It includes chapters on aggregate, cementitious materials, mineral additions, chemical admixtures and mixing water.

ICOLD Bulletin 145, *The Physical Properties of Hardened Conventional Concrete in Dams* discusses briefly the role of the properties of the concrete constituents in the quality of hardened conventionally vibrated concrete (CVC). This bulletin develops these themes and also addresses Roller Compacted Concrete (RCC).

Concrete for dams is in some important respects different from concrete used for other purposes. Very large volumes can be involved with demanding placing schedules. Control of heat of hydration is important in the selection of cementitious materials for mass concrete and to a lesser extent the selection of aggregate. The strength requirements for mass concrete in dams are mostly much lower than those required of structural concrete. The service life of a dam is very long compared to most other structures. For economic reasons, aggregate is normally derived from new sources local to the dam rather than established quarries.

The exterior concrete of the dam must have adequate durability. Durability is defined as ability of the concrete to resist weathering action and abrasion which include frost, rapid temperature fluctuations and running water. This may require the use of high quality aggregate as well as other measures which are set out in this Bulletin.

In most countries there are standards that specify the qualities, components and minimum requirements to be fulfilled in order to obtain an acceptable concrete mix. These standards have been developed for routine use on reinforced or pre-stressed concrete structures which function in different stress ranges to those of a dam. Conformity with these normal standards is intended to ensure that good quality concrete can be produced. Subject to certain safeguards, it may be possible to use constituents of dam concrete which do not conform to such norms, or alternatively, to adapt the dam design to allow the use of poorer materials. For example, hardfill dams and gravity dams with flattened upstream and downstream slopes may be considered. This Bulletin provides guidance on the evaluation of such materials.

For all large dams there must be an extensive sampling, testing and quality control regime in place for aggregates and other materials, see ICOLD Bulletin 136, *The Specification and Quality Control of Concrete for Dams*. This applies particularly when demands of applicable standards and codes of practice are not fully complied with. Deviations may require approval by a supervising authority where test methods and the results are scrutinised.

The purpose of material selection is to obtain a concrete which satisfies the design criteria at lowest possible cost. The cost assumptions underpinning materials evaluations in the design phase may prove to be inaccurate in light of tendered prices and it may be necessary to revise the evaluation. The tenderers may make their own evaluation based on provided or additional test data in order to give the best possible price.

Concrete with well-balanced properties is required which include consideration of strength, workability, heat generation, shrinkage, creep and durability. These properties cannot be optimised independently and mix designs are necessarily compromises linked by the properties of the constituent materials.

Une évaluation minutieuse des matériaux disponibles doit être effectuée au début de l'élaboration du projet et doit se poursuivre tout au long de la conception et de la construction. Des compositions d'essai en laboratoire doivent être réalisées lors de la phase de conception pour déterminer l'interaction des constituants du béton et de leur bonne répartition dans le béton. Ce sont des activités clés pour l'équipe d'ingénierie des barrages et elle devrait être dirigée par un ingénieur possédant une bonne expérience et une bonne connaissance de la technologie du béton telle qu'elle s'applique aux barrages. Un géologue expérimenté sera nécessaire pour identifier correctement les types de roches et leurs propriétés.

Bien que la conception du béton ne fasse pas l'objet de ce bulletin, la sélection des matériaux doit prendre en compte:

- Les propriétés requises du béton frais

- Les propriétés requises du béton durci

- Les Propriétés thermiques

- La Durabilité

- Le potentiel risque de réactions chimiques expansives, telles que la RAG, et d'autres mécanismes de détérioration à long terme

- L'aptitude du béton à offrir une bonne finition et à obtenir une bonne qualité de sa surface si nécessaire pour les surfaces devant recevoir des circulations d'eau.

Ici, la RAG fait référence à des réactions d'agrégats alcalins et comprend la RAS, réaction de la silice avec les alcalins du béton. La question de la RAG, de la RAS et d'autres réactions expansives telles que l'ISA, sera abordée dans un futur Bulletin CIGB intitulé «Réactions chimiques expansives dans les barrages en béton».

Ce bulletin ne fournit pas de descriptions détaillées des caractéristiques chimiques et physiques ou des processus liés aux matériaux ou à leurs interactions. Ceux-ci sont communs à tous les articles consacrés à ce sujet et de bons articles couvrant ces aspects sont facilement disponibles dans les ouvrages de référence couramment utilisés également sur Internet.

Careful evaluation of the available materials should be performed early in project development and continue throughout the design and construction. Laboratory trial mixes should be made in the design phase to determine the interaction of the concrete constituents and suitable mix proportions. These are key activities for the dams engineering team and it should be led by an engineer of good experience and knowledge of concrete technology as it applies to dams. An experienced geologist will be required to correctly identify the rock types and properties.

Although the design of the concrete mix is not the subject of this Bulletin, material selection must take into account:

- The required fresh properties

- The required hardened properties

- Thermal properties

- Durability

- The potential for expansive chemical reactions, such as AAR, and other long-term deterioration mechanisms

- Finishability of concrete and its surface quality where required for hydraulic surfaces

Here AAR refers to alkali aggregate reactions and includes ASR, alkali silica reaction. The matter of AAR, ASR and other expansive reactions such as ISA, will be addressed in a future ICOLD Bulletin to be entitled *"Expansive Chemical Reactions in Concrete dams"*.

This Bulletin does not provide detailed descriptions of chemical and physical characteristics or processes related to materials or their interactions. These are common to all concrete and good articles covering these aspects are readily available in commonly used reference works and on the internet.

2.   GRANULATS

2.1.   INTRODUCTION

Les barrages sont généralement situés dans des endroits relativement éloignés, souvent sans sources éprouvées de granulats pour béton à une distance raisonnable. Les volumes de béton peuvent être considérables, généralement de l'ordre de 100 000 à plusieurs millions de mètres cube. Les quantités de béton nécessaires à la construction des évacuateurs de crue associés aux grands barrages en remblai peuvent également atteindre plusieurs fois 100 000 m³. Ces quantités et les paramètres de production associés nécessitent des sources et des installations de traitement dédiées au projet et proportionnelles à sa taille et à la durée de la construction.

Les granulats seront obtenus à partir de carrières de roches massives ou à partir d'extraction dans les zones alluvionnaires à une courte distance du barrage ou à partir des fondations du barrage et les travaux associés. Les coûts de transport peuvent être élevés et il y a toujours une forte incitation à utiliser des matériaux extraits localement, même s'ils ne satisfont pas aux critères de qualité habituels. Ce n'est qu'exceptionnellement que les granulats seront transportés sur de longues distances, et seulement lorsque la roche locale ou les dépôts alluvionnaires ne conviennent pas.

L'augmentation des coûts d'utilisation de granulats de moindre qualité, inférieure aux exigences des normes peut résulter d'un traitement supplémentaire, de liants et d'adjuvants en quantité plus importante. De telles incorporations peuvent être nécessaires pour obtenir des résistances adéquates et des propriétés requises du béton frais.

Dans une certaine mesure, la géologie de chaque site de barrage est unique. Certains sites ont un seul type de roche et d'autres ont une géologie variée. La variabilité des types et des propriétés des roches augmentera généralement avec la distance du barrage: la prise en compte de distances de transport accrues peut amener plus de types de roches dans le secteur d'analyse pris en compte. Dans tout cela, une identification correcte des types de roches est essentielle et doit être effectuée par un géologue expérimenté. Cela revêt une importance particulière dans les premières phases du projet, lorsque l'évaluation initiale des ressources peut être basée uniquement sur l'identification de terrain.

2.2.   PROPRIÉTÉS DES GRANULATS

Les caractéristiques des granulats affectent les propriétés et la composition du béton de diverses manières ; elles devraient être prises en compte dans le choix des sources de granulats.

- Résistance et module d'élasticité du béton: un granulat résistant et à module élevé donnera un béton avec résistance et module élevés. Inversement, un granulat mois résistant donnera un béton de moindre qualité et un module plus faible. Un béton à faible module est souhaitable pour donner une capacité de déformation plus élevée et réduire le potentiel de fissuration. Un béton à haute résistance peut ne pas être recherché dans le corps des barrages.

- Une courbe de granulométrie optimale donne un squelette dense et compact avec un module de béton plus élevé et permet de réduire la teneur en matériau cimentaire.

- Le coefficient de Poisson n'est normalement pas influencé de manière significative par le granulat.

- La porosité et la perméabilité des granulats affectent la sensibilité au gel. Avec une perméabilité élevée des granulats, la perméabilité du béton peut également augmenter. L'absorption est à l'origine de cela, là où des valeurs élevées peuvent poser des problèmes dans la production de béton avec une teneur en eau et une maniabilité constantes.

2.   AGGREGATES

2.1.   INTRODUCTION

Dams are commonly in relatively remote locations, often with no proven sources of concrete aggregate within a reasonable distance. The volumes of concrete can be considerable, mostly in the range of 100,000 m³ to several million. The quantities of concrete needed for the construction of spillways associated with large embankment dams can also run into several 100,000 m³. Such quantities and associated production rates demand sources and processing facilities dedicated to the project and commensurate with its size and the duration of construction.

Aggregate will be obtained from rock quarries or excavations in loose sediments within a short distance of the dam or from excavations for the dam and associated works. Haulage costs can be high and there is always a strong incentive to use local materials, even if they do not satisfy usual quality criteria. Only exceptionally will aggregate be hauled long distances, and then only when local rock or loose deposits are unsuitable.

Increased costs of using sub-standard aggregate may arise from additional processing, cementitious materials and chemical additives. Such additions may be required to achieve adequate strengths and fresh concrete properties.

In some measure the geology of each dam site is unique. Some sites have a single rock type and others have a varied geology. Variability in rock types and properties will typically increase with distance from the dam: consideration of increased haul distances may bring more rock types into the picture. In all of this, correct identification of rock types is essential and this should be done by an experienced geologist. This has particular importance in the early project phases when initial assessment of the resources may be based only on field identification.

2.2.   AGGREGATE PROPERTIES

The properties of aggregate affect the concrete properties and composition in various ways which should be considered in the selection of aggregate sources.

- Concrete strength and modulus: A strong and high modulus aggregate will give a concrete of high strength and modulus. Conversely, a weaker aggregate will give a lower strength concrete and lower modulus. A low modulus concrete is desirable to give higher strain capacity and reduce the cracking potential. A high strength concrete may not be required in the body of dams.

- An optimal aggregate grading curve gives a densely packed aggregate with a higher concrete modulus and allows a reduced cementitious material content.

- Poisson's ratio is normally not significantly influenced by the aggregate.

- Porosity and permeability of aggregate affect frost susceptibility. With high aggregate permeability the concrete permeability may also increase. Related to this is absorption where high values can give problems in producing concrete with consistent water content and workability.

- Les paramètres thermiques, y compris le retrait, sont dominés par les propriétés des granulats.

- La masse volumique, un agrégat lourd est bénéfique pour la stabilité des barrages poids.

- Le retrait de dessication et le fluage sont dominés par les propriétés de la pâte de ciment, les propriétés des granulats sont moins importantes.

- La forme et la texture des grains affectent la maniabilité et la résistance ou, inversement, la teneur en ciment requise pour une résistance donnée. Une bonne forme de grain est particulièrement importante pour le béton compacté au rouleau. Les granulats concassés (naturellement frottants) donnent généralement du béton avec une demande en eau supérieure à celle des granulats naturels ronds.

Le granulat idéal est formé d'éléments durs, durables et chimiquement inertes de forme à peu près sphérique ou cubique. Le tableau B1 présente les exigences normatives typiques. Plus les granulats s'en éloignent, plus le coût de compensation de l'écart est élevé. Certaines roches ne sont en aucun cas utilisables.

Les caractéristiques susceptibles d'affecter négativement la qualité des granulats sont:

- Grains peu résistants

- Granulat dimensionnellement instable

- Propension à produire des grains plats et allongés

- Éléments et minéraux nocifs tels que le mica

- Éléments indésirables tels que l'argile, la matière organique, etc.

- Absorption d'eau élevée et variable

- Silice amorphe et autres composés susceptibles de réagir de manière délétère avec le ciment ou les additions minérales

- Minéraux solubles dans l'eau, par ex. sel et gypse

Certaines de ces caractéristiques peuvent être compensées par divers moyens tels que par une sélection appropriée des équipements de broyage et de traitement des granulats. Notamment, la réaction délétère entre la silice amorphe et les produits d'hydratation du ciment peut être supprimée en utilisant une addition pouzzolanique comme constituant hydraulique complémentaire. L'utilisation de pouzzolane réduit également et généralement le coût du béton et peut améliorer la maniabilité, voir le chapitre 4.

Il existe d'autres caractéristiques liées à la minéralogie et à la texture de la surface qui peuvent affecter les propriétés du béton, mais celles-ci sont de second ordre et n'affecteraient normalement pas la sélection de la source d'agrégat.

2.3. COURBES GRANULOMÉTRIQUES DES GRANULATS

Les propriétés du béton frais et du béton durci dépendent également de la courbe de chaque classe granulaire et de la taille maximale du granulat (D_{Max}). Une mauvaise courbe granulométrique ou bien une mauvaise forme des grains peut nuire à la maniabilité du béton frais, générer un ressuage excessif et exiger une teneur en ciment plus élevée, augmentant la chaleur d'hydratation et l'élévation de température du béton de masse. Ces aspects peuvent être contrôlés dans une large mesure par des équipements de traitement appropriés et ne constituent pas un critère dominant dans la sélection de la source de matériau.

- Thermal parameters including shrinkage are dominated by the aggregate properties.

- Specific gravity: A heavy aggregate is beneficial for the stability of gravity dams.

- Drying shrinkage and creep are dominated by the properties of the cement paste with aggregate properties being less significant.

- Particle shape and texture affect workability and strength or, conversely, the required cementitious content for a given strength. Good particle shape is particularly important for Roller Compacted Concrete. Crushed aggregate typically gives concrete with a water demand which is higher than that for rounded natural aggregate.

Ideal aggregate comprises hard, durable and chemically inert particles of roughly spherical or cubic shape. Table B1 shows typical standard requirements. The further the aggregate is removed from this, the greater the cost of compensating for the deviation. Some rocks are not usable under any circumstances.

Characteristics which may adversely affect aggregate quality are:

- Weak particles

- Dimensionally unstable material

- Propensity to yield flat and elongated particles

- Deleterious particles and minerals such as mica

- Unsound particles such as clay, organic material, etc.

- High and variable water absorption

- Amorphous silica and other compounds which might deleteriously react with cement or its hydration products

- Water soluble minerals, e.g. salt and gypsum

Some of these can be compensated for by various means such as by proper selection of aggregate crushing and processing equipment. Notably, the deleterious reaction between amorphous silica and the hydration products of cement can be suppressed by using pozzolan as part of the cementitious material. Inclusion of pozzolan commonly also reduces the cost of the concrete and may improve workability, see Chapter 4.

There are other properties related to the mineralogy and surface texture which may affect concrete properties but these are of second order in importance and would not normally affect the selection of aggregate source.

2.3. AGGREGATE GRADING CURVES

The fresh and hardened properties of concrete are also dependent on the grading curve of the aggregate and the maximum size of aggregate (MSA). A bad grading curve or particle shape may adversely affect the workability of the fresh concrete, generate excess bleeding and require a higher cementitious content, increasing the heat of hydration and the temperature rise of mass concrete. These aspects can be controlled to a large extent by suitable processing and are not a primary consideration in material source selection.

La MSA est déterminée par:

- La contrainte maximale en traction qui diminue avec l'augmentation du D_{Max},

- La maniabilité qui diminue avec l'augmentation du D_{Max}

- La résistance au cisaillement qui augmente avec le D_{Max}, (blocage généré par les gros granulats).

Il y a une tendance vers des D_{Max} un peu réduits pour être utilisés dans le béton de masse (par exemple 100 à 120 mm au lieu des 150 mm utilisés pour de nombreux barrages plus anciens) parce que les économies de ciment pour les grands D_{Max} sont compensées par une composition et une mise en place plus faciles, une meilleure maniabilité, moins de ségrégation et un temps de vibration plus court. Pour le BCR, le D_{Max} est généralement limité à 40 ou 60 mm pour des raisons similaires. Mais il peut être porté à 75 mm lorsque l'ouvrabilité et la ségrégation sont de moindre importance dans le corps des barrages.

Le sable alluvionnaire peut parfois être reconstitué, s'il manque une tranche intermédiaire de grains ou la fraction la plus fine. Cela peut nécessiter l'ajout d'un autre matériau pour compenser les parties manquantes ou d'un sable broyé à la granulométrie requise. Tout matériau supplémentaire peut également être broyé ou concassé. Il n'est pas rare d'utiliser un mélange de sable alluvionnaire et de sable broyé ou concassé pour obtenir une bonne courbe granulométrique. L'inclusion d'un produit broyé ou concassé peut également fournir une fraction plus fine manquante (<75 microns) dans le sable alluvionnaire. Cela peut être particulièrement important pour le BCR où le pourcentage de fines peut être élevé, jusqu'à 15% et peut-être plus. Le coût d'un tel traitement doit être inclus dans l'évaluation des sources de granulats.

2.4. EXIGENCES POUR LA DURABILITÉ

L'altération du béton peut générer des fissures, un écaillage et une perte de matériau à la surface du béton. La peau du béton doit être durable et doit être faite en béton fabriqué à partir de matériaux résistants qui sont de meilleure qualité que le béton du corps du barrage. Là où l'action du gel n'est pas présente, il peut être suffisant de spécifier une résistance minimale, pouvant descendre jusqu'à 5 à 10 MPa pour les petits barrages poids. Le béton pour les surfaces recevant des circulations d'eau telles que les déversoirs doit avoir une résistance beaucoup plus élevée. L'action du gel exigera au minimum un entraînement d'air (voir section 5.6). Dans les climats très rudes, des restrictions sévères sur les valeurs d'absorption des granulats, la porosité, les résistances minimales et les rapports maximum eau / ciment peuvent devoir être appliquées. Il existe différentes normes nationales couvrant les exigences de durabilité et de résistance au gel en particulier.

2.5. PROPRIÉTÉS THERMIQUES

La dilatation thermique est d'une importance majeure pour la conception des barrages car elle affecte les contraintes et l'espacement des joints de contraction. Le coefficient de dilatation thermique du béton est dominé par les caractéristiques des granulats. Lorsqu'il y a un choix, il est préférable de choisir un granulat à faible coefficient de dilatation thermique. Les coefficients varient considérablement, même pour un type de roche, et des tests sont nécessaires pour fixer ces valeurs. Les valeurs indicatives pour le béton avec certains types de granulats et de roches sont présentées dans le Tableau 2.1.

La conductivité thermique, l'aptitude à la diffusion et la chaleur spécifique sont des propriétés importantes mais ne sont généralement pas des critères de sélection des sources de granulats. Le Bulletin 145 de la CIGB « *Les propriétés physiques du béton conventionnel durci dans les barrages* » dans ses tableaux 6.4 et 6.5 donne des valeurs typiques de ces paramètres et peuvent être consultées si celles-ci peuvent être pertinentes pour la sélection de la source de granulats

The MSA is determined from consideration of:

- the peak strain in tension decreases with increasing MSA

- the shear strength increases with MSA (aggregate interlock)

- workability decreases with increasing MSA

There is a tendency for smaller MSA to be used in mass concrete (say 100 to 120mm instead of 150mm for many older dams) because savings in cement for large MSA are offset by easier mixing and placing, better workability, less segregation and shorter vibration time. For RCC the MSA is commonly restricted to 40 mm to 60 mm for similar reasons but may be 75 mm where workability and segregation are of lesser importance in the interior of dams.

Alluvial sand can on occasion be gap-graded, i.e. some intermediate range of particle sizes or the finer fraction is missing. This may require the addition of other material to compensate for the missing particles or by milling the sand to the required grading. Any additional material may also be milled or crushed. It is not uncommon to use a blend of alluvial and milled or crushed sand to achieve a good grading curve. The inclusion of a milled or crushed product can also provide a missing finer fraction (<75 micron) in the alluvial sand. This can be of particular importance for RCC where the percentage of fines can be high, up to 15% and maybe more. The cost of any such processing must be included in the evaluation of aggregate sources.

2.4. DURABILITY REQUIREMENTS

Weathering of concrete can result in cracking, spalling and loss of material from the concrete surface. Exterior concrete has to be durable and may therefore have to comprise concrete made from resistant materials which are of higher quality than interior concrete. Where frost action is not present, it may be sufficient to specify a minimum strength, maybe as low as 5 to 10 MPa for smaller gravity dams. Concrete for hydraulic surfaces such as spillways may have to have a much higher strength. Frost action will as a minimum demand air entrainment (see Section 0). In very harsh climates severe restrictions on absorption values of aggregate, porosity, minimum strengths and maximum water/cementitious ratios may have to be applied. There are various national standards covering requirements for durability and for frost resistance in particular.

2.5. THERMAL PROPERTIES

Thermal expansion is of major significance for dam design as it affects stresses and contraction joint spacings. The coefficient of thermal expansion of the concrete is dominated by the properties of the aggregate. Where there is a choice, it is preferable to select aggregate with a low thermal expansion coefficient. Coefficients vary considerably, even for one rock type, and tests are required to establish the values. Indicative values for concrete with some aggregate rock types are shown in Table 2.1.

Thermal conductivity, diffusivity and specific heat are important properties but are not commonly criteria in the selection of aggregate sources. ICOLD Bulletin 145 *The Physical Properties of Hardened Conventional Concrete in Dams* in its tables 6.4 and 6.5 gives typical values of these parameters and may be referred to if these might be relevant to aggregate source selection.

Tableau 2.1
Valeurs indicatives des coefficients de dilatation thermique du béton

Type de roches pour granulats	Coefficient de dilatation linéaire, 10^{-6} °C
granite et rhyolite	5 to 11
basalt, gabbro, et diabase	4.5 to 8.5
Calcaire et dolomie	4 to 12
slate	8 to 10
andesite et diorite	5 to 9
grès	8 to 12
marbre	5 to 9
Silex et chailles	8 to 12
gneiss, greywacke	4 to 9
quartzite	8 to 13

2.6. MÉTHODE POUR LA SÉLECTION DES SOURCES DE GRANULATS

Les efforts déployés pour retenir une source convenable de granulats varieront du minimum et du plus simple, là où il y a de la bonne roche ou des alluvions près du site du barrage, au plus complexe, là où il n'y a pas de gros gisements de matériaux manifestement appropriés à une distance raisonnable. Dans ce dernier cas, les granulats peuvent devoir être obtenus à partir de sources qui donneront un matériau non conforme aux normes mentionnées dans ce Bulletin et qui peuvent entraîner une augmentation du coût du béton ou un changement de conception pour accepter les granulats disponibles.

Une stratégie de choix des sources de granulats doit être élaborée au début de la phase de faisabilité du projet, avec des améliorations qui seront possibles après la phase de conception pendant l'appel d'offre et avant la phase de construction. Un plan doit être élaboré selon les principes suivants:

- Faire une cartographie géologique de la zone à proximité du barrage et des unités rocheuses prometteuses plus éloignées, pour identifier les types de roches présentes et avec des caractérisations préliminaires permettant de qualifier le gisement. Le Tableau 2.2 peut être utilisé comme guide. Si aucun gisement potentiel n'est trouvé, la zone à cartographier devra être élargie. Prélever autant que possible des échantillons de surface de roches récentes pour avoir une résistance indicative, faire des études pétrographiques (section 2.7) et des tests chimiques.

- Faire un inventaire des types de roches disponibles avec leurs propriétés attendues qui comprendront la résistance, la forme probable des granulats pouvant être obtenues (en tenant compte du traitement) et les éventuels minéraux nocifs dans la roche ou libérés pendant le traitement. L'exploitation en carrière (y compris l'enlèvement de la découverte et les routes d'accès), et les coûts de traitement (y compris le concassage, le criblage et le lavage), les coûts de transport et toute interférence possible avec le reste des travaux doivent être évalués. Cela s'applique également à des fondations et autres matériaux d'excavation lorsque ceux-ci doivent être retenus pour produire des granulats.

- Faire une évaluation de la ou des sources les plus prometteuses. Développer et mettre en œuvre un programme d'investigation comme indiqué dans la section 2.9.

- En se basant d'abord sur l'expérience, et ensuite sur les résultats des programmes d'essai de gâchage, estimer le coût du béton fabriqué avec des granulats provenant d'autres sources possibles.

- Évaluer les risques associés à chaque option, y compris l'adéquation de la taille du gisement, les risques de variations indésirables des caractéristiques du gisement et la sécurité de l'approvisionnement.

Table 2.1
Indicative coefficients of thermal expansion of concrete

Aggregate rock type	Coefficient of linear expansion, 10^{-6} °C
granite and rhyolite	5 to 11
basalt, gabbro, and diabase	4.5 to 8.5
limestone and dolomite	4 to 12
slate	8 to 10
andesite and diorite	5 to 9
sandstone	8 to 12
marble	5 to 9
flint and chert	8 to 12
gneiss, greywacke	4 to 9
quartzite	8 to 13

2.6. METHODOLOGY FOR SELECTION OF SOURCE FOR AGGREGATE

The effort required to establish a suitable source for aggregate will vary from the minimal and simple where there is good rock or alluvium close to the dam site, to the extensive and complex where there are no large bodies of obviously suitable material within a reasonable distance. In the latter case aggregate may have to be obtained from sources which will yield material which does not conform to standards referred to in this Bulletin and which may lead to increased cost of the concrete or a change in design to accommodate the available aggregate.

A strategy for determining sources for aggregate has to be developed early in the feasibility stage of project development with refinements following in the tender design phase and into construction. A plan should be developed along the following lines:

- Geological mapping of the area in the vicinity of the dam and more distant promising rock units, to identify the rock types present and with preliminary assessments of suitability as source rock. Table 2.2 may be used as a guide. If no promising rock is found, the area to be mapped will have to be increased. Obtain surface samples as far as possible from fresh rock for indicative rock strength, petrographic studies (Section 2.7) and chemical testing.

- List the available rock types with their expected properties which will include strength, probable obtainable particle shape (with consideration of processing) and possible deleterious minerals within the rock or liberated during processing. Quarrying (including removal of overburden and access roads), and processing costs (including crushing, screening and washing), transport costs and any possible interference with the rest of the works need to be evaluated. This applies also to foundation and other excavation material where this is to be an aggregate source.

- Make an assessment of which is the most promising source or sources. Develop and implement an investigation programme for these as indicated in Section 2.9.

- Based initially on experience, and later on the results of trial mix programmes, estimate the cost of concrete made with aggregate from alternative sources.

- Evaluate risks associated with each option including adequacy of the size of the source body, risks of undesirable variations in source properties and security of supply.

- Prendre en compte les implications techniques et financières de tous les facteurs et déterminer provisoirement la provenance des granulats. La détermination finale pouvant être faite après le concassage et le criblage de la roche des tirs d'essai car c'est seulement après ces essais que les problèmes de forme des grains, de granulométrie et de coûts de traitement peuvent être valablement estimés.

2.7. PÉTROGRAPHIE, EXAMENS AU MICROSCOPE

Des examens pétrographiques au microscope doivent être effectués au début des investigations pour confirmer les types de roches présentes et pour identifier les minéraux nocifs qu'elles pourraient contenir. L'EN 932-3 « *Description pétrographique simplifiée des granulats* » peut être utilisée pour des études simplifiées et préliminaires aux fins de la classification générale. La norme BS 812-104: 1994 « *L'examen pétrographique des granulats* » décrit une méthode générale pour l'examen détaillé d'échantillons de granulats grossiers ou fins. Il n'y a pas d'équivalent à ce test BS dans les normes européennes au moment de la rédaction de ce bulletin. L'ASTM C295 « *L'examen pétrographique des granulats* » est similaire à la BS mais exige que chaque classe de granulats soit examinée séparément. La BS 5930 « *Examen pétrographique de la roche* » comprend les exigences de la norme BS 812-104: 1994 et nécessite la détermination d'autres caractéristiques de la roche telles que la texture, la structure, l'altération et le comportement au vieillissement. La méthode pétrographique RILEM AAR-1 comprend trois procédures distinctes pour identifier les éléments potentiellement réactifs dans un échantillon déterminé. La séparation manuelle ne fonctionne qu'avec de gros granulats ; L'analyse par comptage de points à l'échelle microscopique et la pétrographie de la roche sur lames minces constituent les procédures appropriées pour la majorité des granulats utilisés dans le béton de barrage.

2.8. ÉVALUATION PRÉLIMINAIRE DE L'ACCEPTATION DES TYPES DE ROCHES

Le Tableau 2.2 ci-dessous fournit un récapitulatif des types de roches et indique la pertinence générale ainsi que les problèmes possibles liés à l'acceptation de types de roches susceptibles de produire des granulats pour les bétons de barrages. Il ne doit être utilisé que pour donner une indication préliminaire pour les critères d'acceptation. Des tests approfondis sont nécessaires sur toute nouvelle provenance ou provenance non expertisée.

La liste des noms de types de roches et leurs descriptions résumées n'est pas exhaustive car il existe de nombreuses variétés avec des noms différents. Un géologue expérimenté devrait être en mesure de placer la plupart des types de roches dans l'un des types répertoriés. Le sable et le gravier ont été inclus dans le tableau dans un souci d'exhaustivité.

La colonne «Commentaires» identifie les problèmes potentiels ou les critères d'acceptation et les indications concernant une éventuelle réactivité chimique expansive, principalement ASR (Réaction Alcalis/Silice). La fréquence estimée de l'apparition de ces problèmes est donnée dans les colonnes suivantes. Ces questions sont examinées plus en détail à la section 10.1.

La colonne «Forme des grains» donne une indication de la propension d'un type de roche à produire des grains cubiques ou allongés. Cela peut nécessiter l'utilisation de concasseurs d'un type particulier afin d'obtenir une forme de particule appropriée et conduire à augmenter les coûts de traitement.

Les indications dans la colonne «Mica» se réfèrent au mica libre et non au mica lié à la roche (le mica en tant que minéral formant la roche).

Lorsque les propriétés pouzzolaniques sont indiquées, elles ne concernent que les matériaux finement broyés, voir la section 4. Certains types de roches hautement réactives (RAG) peuvent être pouzzolaniques si elles sont finement broyées, par ex. ignimbrite. Certains types de roches réactives (RAG-Réaction Alcalis/Granulats) peuvent être utilisés si on les lie avec des additions pouzzolaniques.

- Consider the technical and cost implications of all factors and make a preliminary determination of the aggregate source. The final determination may have to be made after crushing and screening of rock from trial blasts as only then may issues with particle shape, gradation and processing costs be fully revealed.

2.7. PETROGRAPHIC MICROSCOPE EXAMINATIONS

Petrographic microscope examinations should be made early in the investigations to confirm the rock types present and to identify deleterious minerals that might be present. EN 932-3 – *Simplified Petrographic Description of Aggregate* can be used for simplified and preliminary studies for the purpose of general classification. BS 812-104: 1994 – *Petrographic Examination of Aggregates* gives a general method for the detailed examination of samples of coarse or fine aggregates. There is no EN equivalent to this test at time of writing. ASTM C295 – *Petrographic Examination of Aggregates* is similar to the BS but requires each size of processed aggregate to be examined separately. BS 5930 – Petrographic Examination of Rock, includes the requirements of BS 812-104: 1994 and requires the determination of other rock characteristics such as texture, structure, alteration and weathering. RILEM AAR-1 petrographic method includes three separate procedures to identify potentially reactive particles in an aggregate sample. Where hand separation will only work with coarse gravel aggregate, the point counting analysis on a microscopic scale and the whole rock petrography on thin sections are the appropriate procedures for the majority of aggregates used in dam concrete.

2.8. PRELIMINARY ASSESSMENT OF SUITABILITY OF ROCK TYPES

Table 2.2 below provides a summary table of rock types and indicates general suitability and possible issues with applying such rock types as aggregate in dam concrete. It is only to be used to give a preliminary indication of suitability. Extensive testing is required on any new or unproven source of aggregate.

The list of rock type names and their summary descriptions is not exhaustive as there are many variants with different names. An experienced geologist should be able to place most rock types within one of listed rock types. Sand and gravel have been included in the table in the interest of completeness.

The "Comments" column identifies potential problems or suitability and indications of possible expansive chemical reactivity, mostly ASR. The assessed frequency of occurrence of such problems is given in the following columns. These issues are discussed further in Section 2.10.2.

The column "Particle Shape" gives an indication of propensity for a rock type to yield flaky or elongated particles. This may require particular types of crushers in order to achieve a suitable particle shape and processing costs may increase.

The indications in the "Mica" column refer to free mica, not mica bound into the rock (mica as a rock-forming mineral).

Where pozzolanic properties are indicated, this applies to finely ground material, see Section 4. Some highly reactive (ASR) rock types may be pozzolanic if finely ground, e.g. ignimbrite. Some reactive (ASR) rock types may be used as pozzolan either alone or blended with others.

Table 2.2

Tableau d'évaluation préliminaire définissant les critères d'acceptation des granulats par type de roche Voir les mises en garde dans la section 2.8.

Abréviation: RAG: réaction Alcalis- granulats

RSI: Réaction Sulfatique Interne

TSA: Thaumasite Réaction sulfatique

Acceptabilité: 3 = Couramment acceptable, 2 = peut être accepté, 1 = pourrait être accepté, 0 = Normalement non conforme

Problèmes potentiels ou courants :   XXX = Fréquents, XX = de manière intermittente, X = Occasionnellement

Type de roche	Description	Commentaires	Acceptabilité	Problèmes courants ou potentiels				
				Réaction chimique	Résistance	Forme des particules	Mica	Argile
Ignée - volcanique								
Basalte	Roche de base à grains fins	Peut-être vésiculaire pouvant renfermer des amygdaloïdes et des minéraux réactifs	3	X		X		
Andesite	Roche intermédiaire à grains fins	Peut contenir de la biotite, silice réactive (RAG) et des matériaux argileux	3	XXX				X
Dacite	Roche volcanique intermédiaire felsique à haute teneur en fer	Peut contenir verre, cristobalite et tridymite	3	XX		X	X	
Trachyte	Grains fins avec plagioclase dominante	Normalement convenable	3	XX			X	
Rhyolite	Roche volcanique felsique acide proche du granite	Peut convenir, la carrière peut être complexe. Peut contenir du verre, de la cristobalite et de la tridymite - RAG	3	XXX				
Obsidienne	Verre volcanique	Roche typiquement réactive (RAG), fragile, faible masse volumique	0	XXX		XXX		
Ignimbrite	Roche volcanique fragmentée ou cristalline	Roche de composition et de résistance très variable. Elle a tout de même été utilisée pour faire des granulats.	1	XXX	XXX			
Brèche volcanique	Contient des fragments de roche angulaires dans une matrice	Roche de composition variable, en fonction des roches avoisinantes	1	XX	X			
Pierre ponce, et Scories	A grains fins et très vésiculaire – scories aussi denses que la pierre ponce	Ne peut pas convenir pour produire des granulats courants, roche pouzzolanique	0	Pouzzolanique	XXX			XXX
Tuff	Cendres volcaniques pulvérulentes ou lithifiées pouvant contenir de la montmorillonite	Matériau pouzzolanique peut être convenable si lithifiée (pétrification)	2	Pouzzolanique	XX			

Table 2.2
Table for Preliminary Assessment of Suitability of Rock Types as Aggregate

See cautionary notes in Section 2.8.

KEY: ASR: Alkali silica reaction

ISR: Internal Sulphate Reaction

TSA: Thaumasite Sulphate Reaction

Suitability: 3 = Commonly suitable, 2 = Can be suitable, 1 = May be suitable, 0 = Normally not suitable.

Common or potential problems: XXX = Frequently, XX = Intermediate, X = Occasionally

Rock type	Description	Comments	Suitability	Common or potential problems				
				Chemical reaction	Strength	Particle shape	Mica	Clay
Igneous Volcanic								
Basalt	Fine grained basic rock	May be vesicular and may contain amygdala which may contain reactive mineral	3	X		X		
Andesite	Fine grained intermediate rock	May contain biotite, reactive silica (ASR) and clay minerals	3	XXX				X
Dacite	Felsic to intermediate volcanic rock with high iron content	May contain glass, cristobalite and tridymite	3	XX		X	X	
Trachyte	Fine grained with plagioclase dominating	Normally suitable	3	XX			X	
Rhyolite	Felsic acidic volcanic rock related to granite	Can be suitable, quarries may be complex. May contain glass, cristobalite and tridymite. ASR	3	XXX				
Obsidian	Volcanic glass	Typically reactive (ASR) and brittle, low specific gravity.	0	XXX		XXX		
Ignimbrite	Fragmental or crystalline volcanic rock	Very variable in composition and strength. Has been used as aggregate.	1	XXX	XXX			
Volcanic breccia	Comprises angular fragments of rock in a matrix	Variable composition depending on parent rock(s)	1	XX	X			
Pumice and Scoria	Fine grained and extremely vesicular, scoria denser than pumice	Not suitable as normal weight aggregate, pozzolanic	0	Pozzolanic	XXX			XXX
Tuff	Volcanic ash, may be loose or lithified, may contain montmorillonite	Pozzolanic, may be suitable if lithified	2	Pozzolanic	XX			

Type de roche	Description	Commentaires	Acceptabilité	Réaction chimique	Résistance	Forme particules	Mica	Argile
Ignées sub-volcaniques								
Diabase/ Dolerite	Intrusive, mafique intrusive, formant des digues et des seuils	Peut contenir des minéraux réactifs	3	X				X
Pegmatite	Principalement roche granitique composée de gros cristaux, se présentant en général en veines. Peut être mafique.	Peut produire des agrégats formés de monocristaux pouvant se rompre suivant plans de clivage (mica.RAG)	1	X	X		XX	
Plutoniques ignées								
Péridotite	Roche Ultramafique contenant > 90% olivine	Peut contenir des argiles réactives	3					XX
Gabbro	Roche plutonique à gros grains = dolérite	Généralement convenable	3					
Norite	Hypersthène renfermant du gabbro (basique)	Généralement convenable	3					
Anorthosite	Roche Ultramafique avec fort % plagioclase	Généralement convenable	3					
Diorite	Roche intermédiaire à gros grains composée de plagioclase, pyroxène et/ou amphibole	La RAG peut être latente à cause d'une haute teneur en silice	3	X				
Granodiorite	Roche granitique avec plagioclase > orthoclase	La RAG peut être latente à cause d'une haute teneur en silice	3	X				
Granite	Roche acide à gros grains composée d'orthoclase, de plagioclase et de quartz	Risque RAG car fort % silice réactive possible relargage alcalins/feldspath	3	X			X	
Syenite	Roche à gros grains dominée par orthoclase et feldspath	Généralement convenable	3					
Aplite (intrusive granite)	Granite à grains fins avec du quartz et feldspath dominant	Généralement limitée à des petits affleurements (Digues et seuils)RAG	3	X				
Clast sédimentaire								
Conglomérats	Gros fragments de roche arrondis dans une matrice fine	La matrice peut être plus faible que les clasts-RAG	1	X	X			XX
Greywacke	Grès non totalement formé avec quartz, feldspath et fragments de roche dans une matrice argileuse	Peut convenir mais la matrice peut être plus faible que les clasts- RAG	2	XXX	X			XXX
Grès	Roche sédimentaire clastique définie par la taille de ses grains	Souvent convenable mais peut être trop faible pour des granulats -RAG	3	X	X	XX		
Sable	Matériau non cimenté ≤ 5 mm. Sables feldspathiques ≠ sables quartzitiques	Généralement convenable, fonction de la roche mère, peut contenir argile, coquillages, mica en quantité - RAG	3	XX			XXX	X

Problèmes courants ou potentiels

Rock type	Description	Comments	Suitability	Common or potential problems				
				Chemical reaction	Strength	Particle shape	Mica	Clay
Igneous sub-volcanic								
Diabase/ Dolerite	Intrusive mafic rock forming dykes or sills	May contain reactive minerals. ASR	3	X				X
Pegmatite	Mostly rock of granitic composition with very large crystals, mostly in veins. Can be mafic.	May yield aggregate formed of single crystals which may fail on cleavage planes. May contain mica. ASR	1	X	X		XX	
Igneous Plutonic								
Peridotite	Ultramafic rock composed of > 90% olivine	Can contain reactive clays	3					XX
Gabbro	Coarse grained basic plutonic rock related to dolerite	Generally suitable	3					
Norite	Hypersthene bearing gabbro (basic)	Generally suitable	3					
Anorthosite	Ultramafic rock with predominant plagioclase	Generally suitable	3					
Diorite	Coarse grained intermediate rock composed of plagioclase, pyroxene and/or amphibole	ASR may be an issue due to sometimes higher silica content.	3	X				
Granodiorite	Granitic rock with plagioclase > orthoclase	ASR may be an issue due to sometimes higher silica content.	3	X				
Granite	Acidic coarse grained rock composed of orthoclase, plagioclase and quartz	ASR may be an issue due to sometimes higher reactive silica content and feldspars that might release alkalis	3	X			X	
Syenite	Coarse grained rock dominated by orthoclase feldspar	Generally suitable	3					
Aplite (intrusive granite)	Fine grained granite with quartz and feldspar dominant	Generally limited to narrow outcrops (dykes and sills). ASR	3	X				
Clastic sedimentary								
Conglomerate	Large rounded rock fragments in finer matrix	Matrix may be weaker than clasts. ASR	1	X	X			XX
Greywacke	Immature sandstone with quartz, feldspar and rock fragments within a clay matrix	May be suitable, but matrix may be weaker than clasts. ASR	2	XXX	X			XXX
Sandstone	Clastic sedimentary rock defined by its grain size	Often suitable, but can be too weak for aggregate. ASR	3	X	X	XX		
Sand	Un-cemented material mostly finer than 5 mm. Feldspathic sands less suitable than quartzitic sands	Generally suitable, depends on parent rock, may contain clay, shells or mica in deleterious quantities. ASR	3	XX			XXX	X

35

Type de roche	Description	Commentaires	Acceptabilité	Problèmes courants ou potentiels				
				Réaction chimique	Résistance	Forme des particules	Mica	Argile
Métamorphique								
Graviers et galets	Particules non cimentées renfermant couramment différents types de roches la plupart ≥ 5 mm	Pouvant contenir des éléments délétères en fonction de la roche mère RAG	3	XX		XX	X	X
Brèche sédimentaire	Composée de fragments grossiers anguleux pris dans une matrice fine	Sur le plan pétrographique pouvant être hétérogènes avec des matériaux délétères - RAG	1	XX				
Till – Argile à blocaux	Matériau avec un spectre granulométrique large de formation glaciaire	Susceptible de contenir des silt et des poussières de roche. Coût de traitement élevé. Peut-être pouzzolanique - RAG	3 Après concassage	XX		XX		XXX
Tillite	Till litifié	Renferme une grande variété de types de roches. Chaque source doit être évaluée - RAG	3	XX				
Argile	Argile litifiée de mauvaise qualité	Généralement faible, peut se transformer et relarguer des particules d'argile. ASR + sulfures	0	X	XXX			XXX
Mudstone	Argile lithifiée de mauvaise qualité et silt	Id Claystone	0	X	XXX			XXX
Schiste	Claystone and mudstone fissiles faiblement lithifiées	Id Claystone	0	X	XXX			XXX
Siltstone	Silites faiblement lithifiées	Id Claystone	1	X	XXX			XXX
Sédimentaire biochimique et chimique								
Craie	Composée principalement de coccolites fossiles	Généralement faible ne convient pas pour faire des granulats sauf éventuellement du filler	0	X	XXX			
Dolomie	Composée de minéraux de dolomite + calcite	Normalement convenable -RAC	3	X				
Calcaire	Roche sédimentaire principalement composée de minéraux carbonatés	Normalement convenable Peut contenir des chailles et de l'argile -ASR	3	X				X
Marnes	Calcaire avec une proportion importante de minéraux argileux et silteux	Normalement ne convient pas, tendance faible et argileuse	1		XXX			XXX
Travertin	Calcite précipitée avec des oxydes de fer	Peut-être vésiculaire et ne pas convenir comme granulat grossier	2		X			
Chaille et silex	Matériau à grains fins compose de silice venant partiellement du process de lithéfaction	Produit généralement de la RAG	2	XX		XXX		

Rock type	Description	Comments	Suitability	Common or potential problems				
				Chemical reaction	Strength	Particle shape	Mica	Clay
Gravel and cobbles	Uncemented particles, commonly containing many rock types, mostly coarser than 5 mm	May contain rock types with deleterious properties, depends on parent rock. ASR	3	XX		XX	X	X
Sedimentary breccia	Composed of angular coarse fragments of other rocks in a finer matrix	May be petrographically heterogeneous with deleterious rock types. ASR	1	XX				
Till (boulder clay)	Broadly graded material formed by glacial action	Can contain much silt and rock flour, expensive to process, may be pozzolanic. ASR	3 [1]	XX		XX		XXX
Tillite	Lithified till	Contains a variety of rock types and each source has to be evaluated. ASR	3	XX				
Claystone	Weakly lithified clay	Generally weak, may slake and yield clay particles. ASR + sulphides	0	X	XXX			XXX
Mudstone	Weakly lithified clay and silt	Generally weak, may slake and yield clay particles. ASR + sulphides	0	X	XXX			XXX
Shale	Weakly lithified fissile claystone and mudstone	Generally weak, may slake and yield clay particles. ASR + sulphides	0	X	XXX			XXX
Siltstone	Weakly lithified siltstone	Generally weak, may slake and yield clay particles. ASR + sulphides	1	X	XXX			XXX
Biochemical and chemical sedimentary								
Chalk	Composed primarily of coccolith fossils	Generally weak and not suitable for aggregate. May be suitable as filler.	0	X	XXX			
Dolomite	Composed of the mineral dolomite + calcite	Normally suitable. ACR	3	X				
Limestone	sedimentary rock composed primarily of carbonate minerals	Normally suitable, but may contain chert. May contain clay. ASR	3	X				X
Marl	Limestone with a considerable proportion of clayey and silty material	Normally not suitable, tends to be weak and clayey	1		XXX			XXX
Travertine	Precipitated calcite and iron oxides	May be vesicular and unsuitable as coarse aggregate	2		X			
Chert and flint	Fine grained chemical composed of silica as part of lithification process	Commonly gives ASR	2	XX		XXX		

[1] After processing

Type de roche	Description	Commentaires	Acceptabilité	Problèmes courants ou potentiels				
				Réaction chimique	Résistance	Forme des particules	Mica	Argile
Métamorphique								
Amphibolite	Composée principalement d'amphibole	Peut convenir mais pet contenir une grande proportion de biotite	2			X	X	
Roche cornéenne	Roche non-ignée issue de l'échauffement au contact du métamorphisme	Convient généralement si le % de biotite est faible ou reste enfermé dans la structure de la roche RAG	2	XX			X	
Marbre	Calcaire métamorphique	Convient en général	3		X			
Quartzite	Grès métamorphique compose principalement de quartz ≥ 95 %	Convient normalement mais peut contenir de la silice réactive - RAG	3	X		X		
Gneiss	Roche métamorphique rubanée à grain grossier, pouvant se transformer en granite	Peut produire des éléments plats et allongés et contenir du mica - RAG	2	X		XXX	XX	
Migmatite	Roche métamorphique de haute qualité proche de la fusion dans le magma	Peut contenir de la biotite	3					
Phyllite	Roche métamorphique de mauvaise qualité composée de minéraux micacés	La forte teneur en mica la rend inutilisable - RAG	1	XXX			XXX	
Schistes	Roche métamorphique de qualité basse à moyenne	Produit des éléments plats et allongés et contenir du mica - RAG	2	XX		XX	XX	XX
Ardoise	Roche métamorphique de faible qualité formée de schistes ou de limons	Produit des éléments plats et allongés et contenir du mica - RAG	1		XX	XXX		XX
Stéatite	Principalement des schistes contenant du talc	Trop faible pour des granulats	0		XXX			XXX
Mylonite	Roche cisaillée à grain fin, propriétés dépendant de la roche mère, RAG si siliceuse	Peu fréquent dans de grands ensembles/Roche mère-RAG	Fonction roche mère	Fonction roche mère				
Serpentinite	Roche ultramafique dominée par la serpentine	Ne convient pas, contient des minéraux mous et fibreux vc amiante	0		XXX	XX	XX	
Autres								
Stériles miniers	De composition et de granulométrie très variables	Nécessaires études détaillées pour identifier des réactions délétères	1		XXX			
Granulats recyclés	Composition de la matrice et granulométrie variables	Études nécessaires pour caractériser l'absorption d'eau, la résistance et la teneur en fines	2		X			

Rock type	Description	Comments	Suitability	Common or potential problems				
				Chemical reaction	Strength	Particle shape	Mica	Clay
Metamorphic								
Amphibolite	Composed primarily of amphibole	Can be suitable, but may contain a high proportion of biotite	2			X	X	
Hornfels	Formed by heating by an igneous rock	Generally suitable if biotite content is small or remains included in fragments. ASR.	2	XX			X	
Marble	Metamorphosed limestone	Normally suitable	3		X			
Quartzite	metamorphosed sandstone typically composed of >95% quartz	Normally suitable, may contain reactive quartz. ASR.	3	X		X		
Gneiss	Coarse grained banded metamorphic rock, can grade into granite	May yield flaky and elongated aggregate, may contain mica. ASR.	2	X		XXX	XX	
Migmatite	High grade metamorphic rock verging upon melting into a magma	Can contain biotite	3					
Phyllite	Low grade metamorphic rock composed mostly of micaceous minerals	Mica content may make it unsuitable. ASR.	1	XXX			XXX	
Schist	Low to medium grade metamorphic rock	Typically yields flaky and elongated aggregate, may contain mica. ASR.	2	XX		XX	XX	XX
Slate	Low grade metamorphic rock formed from shale or silts	Typically yields flaky and elongated aggregate, may contain mica	1		XX	XXX		XX
Soapstone	Essentially a talc schist	Too weak for aggregate	0		XXX			XXX
Mylonite	Fine grained sheared rock, properties depend on parent rock, ASR if siliceous	Uncommon in large bodies, chemical reactivity affected by parent rock	Depends on parent rock	Depends on parent rock				
Serpentinite	Ultramafic rock dominated by serpentine minerals	Normally unsuitable, contains soft or fibrous minerals including asbestos	0		XXX	XX	XX	
Other								
Mining waste	Highly variable in composition and grain size	Detailed studies required to identify deleterious reactions including degradation mechanisms	1		XXX			
Recycled aggregate	Variable in matrix composition and grain size	Studies required to identify water absorption, strength of matrix and fines content	2		X			

2.9. CARRIÈRES ET GISEMENTS ALLUVIONNAIRES

Le processus décrit ci-dessous s'applique également aux carrières de roches massives et aux gisements alluvionnaires, mais les méthodes d'investigation peuvent être différentes.

Après avoir effectué les activités clés décrites dans la section 2.6, les sources doivent être étudiées par:

- Forages (et sondages dans des gisements alluvionnaires) pour démontrer qu'une quantité suffisante de roche est disponible et pour révéler les variations de la géologie. Pour les études préalables, la quantité estimée doit être trois fois supérieure aux exigences et pour la phase d'appel d'offres avec plus de forages et une bonne connaissance de la ressource, la quantité retenue ne doit pas être inférieure à 1,5 fois (et peut-être 2 fois) l'exigence. Ces ratios peuvent être augmentés s'il existe des variations connues qui pourraient conduire à un plus faible coefficient d'utilisation. Les pertes de roche, qui peuvent représenter 15% des besoins nominaux, doivent être prises en compte. Ces pertes sont principalement constituées de roches inadaptées et extraites pour être utilisées à d'autres fins que la production de granulats.

- Forages et puits d'essai qui peuvent être complétés par des études géophysiques, telles que des levés sismiques de réfraction, pour déterminer les profondeurs et les épaisseurs de la découverte à réaliser sur les dépôts alluvionnaires, etc.

- Description détaillée des carottes indiquant le type de roche, leur formation et les éléments structurels et pour encadrer la composition de carrières potentielles

- Examens pétrographiques permettant d'identifier les minéraux et la présence éventuelle d'éléments potentiellement nocifs

- Examens physiques, par ex. la résistance à la compression uni axiale (UCS), la granulométrie, la teneur en argile, la résistance à l'abrasion- Los Angeles (LA), la masse volumique, la porosité, l'absorption d'eau, la teneur en matière organique, la résistance à l'écaillage et l'allongement

- Investigation portant sur la stabilité chimique (par exemple, sulfate, chlorure, RAG)

Un tir d'essai doit être effectué pour obtenir la roche nécessaire aux essais en laboratoire pour déterminer les propriétés de la roche et pour fabriquer des granulats nécessaires aux essais de béton. La roche doit être concassée et classée en plusieurs classes granulaires avec un bon coefficient de forme des grains. Le sable peut nécessiter d'être broyé. Le matériau doit être obtenu à partir de dépôts alluvionnaires ou d'autres gisements. Tout cela devrait être de préférence réalisé au stade des études préliminaires ou au plus tard au stade de l'appel d'offres (voir le chapitre 7). La quantité de roche nécessaire pour faire les essais de béton peut être importante, peut-être 20 tonnes ou plus, selon le nombre de gâchées d'essai à réaliser et selon la formes des éprouvettes produites, cubes ou cylindres. Dans certains cas, des quantités beaucoup plus importantes peuvent être élaborées, de l'ordre de 200 tonnes, pour définir l'organigramme de l'installation de traitement et de vérifier le type des concasseurs à utiliser. Les gâchées d'essai peuvent s'appuyer sur un mélange de granulats naturels et de granulats concassés pour combler l'éventuel déficit des premiers, par ex. déficit de certaines classes granulaires, manque de fines (voir § 2.3) ou excès de micas (voir § 2.10.1.1).

2.9.   QUARRIES AND BORROW PITS

The process described below applies equally to rock quarries and alluvial sources but the methods of investigation may be different.

Having performed the key activities outlined in Section 2.6, the sources have to be investigated by:

- Drilling (and test pits in loose deposits) to demonstrate that a sufficient quantity of suitable rock is available and to reveal complexities in the geology. For feasibility design the estimated quantity should be three times the requirement and for tender design with more holes and good knowledge of the source, the demonstrated quantity should be not less than 1.5 times (and maybe 2 times) the requirement. These ratios may have to be increased if there are known variations which might lead to high wastage. Losses of rock, which might amount to 15% of the nominal requirement, have to be allowed for. These losses are made up mainly of unsuitable rock and shot rock used for other than aggregate production.

- Drilling and test pits may be supplemented with geophysical investigations, such as refraction seismic surveys, to determined overburden depths and thicknesses of alluvial deposits and the like

- Detailed logs of cores to give rock type, fabric and structural elements and to determine complexity of potential quarries

- Petrographic examinations with emphasis on potentially deleterious minerals and features

- Physical investigations, e.g. uniaxial compressive strength (UCS), gradings, clay content, Los Angeles (LA) abrasion, specific gravity, porosity, water absorption, organic content, flakiness and elongation)

- Chemical investigations (e.g. sulphate, chloride, ASR)

A trial blast should be made to obtain fresh rock for laboratory testing of rock properties and to manufacture aggregate for concrete trial mixes. The rock has to be crushed and graded into several size ranges with good particle shape. Sand may have to be milled. Material has to be obtained from potential alluvial or other loose sources. All this should preferably be done at the feasibility stage or early in the tender design stage at the latest, see Chapter 7. The quantities of rock required for concrete testing can be large, maybe 20 tonnes or more, depending on the number of trial mixes required and whether test cylinders or cubes are used. In some practices much larger quantities are obtained, of the order of 200 tonnes, in order to establish a processing methodology and verify the types of crushers required. The trial mixes may include blended natural and manufactured aggregate to overcome deficiencies in the former, e.g. gap grading, missing fines (see Section 2.3) or excessive mica (see Section 2.10.1.1).

2.10. MINÉRAUX DÉLÉTÈRES, PROPRIÉTÉS ET RÉACTIONS

Le gisement potentiellement retenu peut contenir des minéraux dont la cristallographie ou la structure cristalline atteste de la présence de minéraux nuisibles pouvant rendre leur utilisation difficile ou inadaptée. Le tableau 2.2 donne une indication préliminaire des problèmes possibles, mais des essais sont toujours nécessaires pour caractériser toute source potentielle de granulats. Les matériaux susceptibles de générer des réactions problématiques, dont certains peuvent ne concerner que des types de roches spécifiques, sont indiqués ci-dessous.

2.10.1. Minéraux

1. Mica

Le terme mica couvre une gamme de minéraux lamellaires qui comprend la muscovite (mica clair) et la biotite (mica foncé) comme les formes les plus courantes. On les trouve dans certaines roches métamorphiques et ignées et souvent dans les dépôts alluvionnaires. Sa présence sous forme de mica libre peut réduire la résistance du béton, en particulier la résistance à la traction (bien que certains cas soient identifiés où la résistance à la traction a été moins affectée que la résistance à la compression et le module d'élasticité), réduire la maniabilité du béton et donc augmenter la demande en eau. La quantité maximale autorisée dans les granulats fins (sable) est normalement de 3 ou 5% dans l'hypothèse où les granulats grossiers ne produiront pas de mica. Certains granulats grossiers contenant du mica peuvent produire des particules de mica libres provenant de l'abrasion liée au traitement et à la manutention des granulats, ce qui pourrait réduire le pourcentage maximal autorisé dans le granulat fin. Une autre solution serait de ne pas utiliser les granulats grossiers contenant du mica. Le mica en tant que constituant minéral ne doit pas dépasser 15% de la masse rocheuse. Cette situation peut s'appliquer à des roches telles que les schistes micacés. Parmi les deux minéraux de mica les plus courants, la muscovite et la biotite, la muscovite peut être plus nocive.

Si des teneurs en mica supérieures à 3 ou 4 % du granulat fin (sable) sont attendues, des tests approfondis peuvent être nécessaires pour s'assurer que les propriétés du béton frais et du béton durci sont satisfaisantes.

2. Silice réactive

La silice réactive se présente sous un certain nombre de formes, comme indiqué ci-dessous, et peut réagir avec les alcalins de la pâte de ciment, voir § 2.10.1-2 sur la RAG.

- Quartz, silice pure, SiO_2. Le minéral est dur et est répandu dans les roches et les sédiments. Certains quartz à réseau déformé, à extinction ondulante, à texture granulaire, et microcristallins peuvent être réactifs.

- Opale, silice hydratée, $SiO_2.nH_2O$, se trouve dans les roches sédimentaires dont la chaille. On la rencontre également en surface sur les alluvions et de le remplissage des vides dans la roche volcanique.

- La calcédoine est un quartz fibreux et poreux, généralement associé à la chaille.

- La tridymite et la cristobalite sont constituées de silice formée à haute température que l'on trouve occasionnellement dans les roches volcaniques. Ces formes de silice sont métastables aux pressions et températures normales.

Généralement, les plus réactifs sont les silicates amorphes à faible cristallinité ou à réseaux cristallins très altérés ou déformés. Un autre facteur qui influe sur la réactivité est la porosité du granulat, car plus les granulats sont poreux, plus les ions agressifs pénètrent facilement et génèrent les produits expansifs.

2.10. DELETERIOUS MINERALS, PROPERTIES AND REACTIONS

The potential source rock may contain deleterious minerals, fabric or structure which might make it unsuitable or complicate its use. Table 2.2 gives a preliminary indication of possible problems but testing is always required for any potential source of aggregate. Problematic materials and reactions, some of which may apply only to specific rock types, are given below.

2.10.1. Minerals

1. Mica

The term mica covers a range of platy minerals and includes muscovite (pale mica) and biotite (dark mica) as the most common forms. It occurs in some metamorphic and igneous rocks and is common in alluvial deposits. Its presence as free mica may reduce concrete strength, in particular tensile strength (although cases are reported where tensile strength was less affected than compressive strength and modulus), and increase water demand (reduce workability). The maximum quantity allowed in fine aggregate (sand) is normally 3 or 5% with the assumption that none will accompany the coarse aggregate. Some micaceous coarse aggregate may yield free mica particles due to abrasion and breakage while handling which might reduce the maximum allowable percentage in the fine aggregate. Alternatively the coarse micaceous aggregate may not be used. Mica as a rock-forming mineral should not exceed 15% of the rock mass. This situation may apply to such rocks as micaceous schist. Of the two most common mica minerals, muscovite and biotite, muscovite may be more deleterious.

If mica contents higher than 3 or 4% of the fine aggregate (sand) are being considered, extensive testing may be required to ensure that the fresh and hardened properties of the concrete are satisfactory.

2. Reactive Silica

Reactive silica occurs in a number of forms, as listed below, and might react with alkali from cement paste, see Section 2.10.1-2 on ASR.

- Quartz, pure silica, SiO_2. The mineral is hard and is widespread in rocks and drift. Some strained, granulated and microcrystalline quartz may be reactive.

- Opal, hydrous silica, $SiO_2.nH_2O$, is found in sedimentary rocks including chert. It occurs also as coatings on alluvium and infilling in voids in volcanic rock.

- Chalcedony is fibrous and porous quartz, typically associated with chert.

- Tridymite and cristobalite are high temperature forms of silica occasionally found in volcanic rocks. These forms of silica are metastable at normal pressures and temperatures.

Generally, the more reactive are the amorphous silicates with low crystallinity or very altered or deformed crystal lattices. Another critical factor of the reactivity is the aggregate's porosity, since the more porous aggregates are, the more easily aggressive ions penetrate and generate expansive products.

La réaction destructrice de la silice avec le ciment peut être réduite ou éliminée en utilisant des additions pouzzolaniques dans les formulations de béton, voir § 4.1.

3. Minéraux sulfatés : Gypse, $CaSO_4$-$2H_2O$ et Anhydrite, $CaSO_4$

Le gypse et l'anhydrite peuvent provoquer une attaque du béton par les sulfates, voir § 2.10.2.

Le gypse est utilisé dans le ciment pour réguler le temps de prise. La présence des formes les plus solubles de gypse dans les granulats peut augmenter le temps de prise ou empêcher complètement la prise du béton. L'anhydrite naturelle a une solubilité plus lente que l'anhydrite synthétique et peut entraîner des problèmes de compatibilité avec certains additifs chimiques. Si l'anhydrite est soluble, le temps de prise du béton pourra être affecté, tout comme avec le gypse.

Le principal problème du gypse dans les granulats ne concerne pas le béton frais et sa possible réaction avec les aluminates, mais il concerne le béton durci en produisant une réaction sulfatique interne-RSI, similaire à la réaction qui se produit avec l'oxydation des pyrites et pyrrhotites. De plus, dans certaines conditions de température et en présence de carbonates et de silicates, il peut donner lieu à la formation de thaumasite, bien que ce soit une réaction rare, voir § 2.10.2 - 3.

4. Minéraux de la famille des sulfures métalliques

La pyrite de fer, FeS_2 est le minéral le plus courant de ce groupe. Par réaction chimique, la pyrite peut générer du SO_3 et donc générer une attaque interne par les sulfates, voir § 2.10.2 - 2. Les pyrites de fer et la marcassite peuvent réagir avec les produits d'hydratation du ciment et provoquer des gonflements. Toutes les pyrites de fer ne sont pas nocives (Neville, 1995). Il existe également des cas d'inclusion de pyrite de fer dans le calcaire ou le granite d'une taille nettement inférieure au millimètre générant la formation d'ettringite et la destruction du béton.

5. L'argile

L'argile est principalement nocive pour le béton, elle est normalement éliminée des granulats. Des réactions chimiques peuvent transformer certains minéraux en argile, les intempéries peuvent en être à l'origine. Cela comprend la zéolithe et la laumontite, parfois présentes dans la roche basaltique (amygdales), certaines marnes, même si initialement dures, et certaines formes de mica. L'argile est parfois ajoutée aux mélanges de béton de manière contrôlée sous forme de pouzzolane (chapitre 4) et pour réduire le module d'élasticité du béton. L'argile peut se présenter sous la forme de fines couches en surface des granulats fins ou grossiers qui doivent être éliminés par lavage. Généralement, la teneur en argile est limitée à 1 % du total des granulats pour le béton de masse.

6. Les sels (NaCl, KCl)

Les sels solubles dans l'eau peuvent apparaître comme contaminant. Les sels peuvent contribuer à la corrosion des armatures en acier et des éléments métalliques intégrés. Les limites caractéristiques pour la teneur totale en chlorure soluble dans l'eau et dans l'acide sont de 0,5 kg/m^3 pour le béton précontraint et de 0,8 kg/m^3 pour le béton armé exposé à l'humidité ou au contact des chlorures (voir la norme européenne EN 206). Il n'y a pas de limitations particulières pour le béton de masse non armé.

Les chlorures peuvent réagir avec les composés hydratés et anhydres du ciment, conduisant à la formation d'un composé expansif appelé "sel de Friedel", qui peut ensuite réagir également avec les sulfates pour former de l'ettringite, cf. point 4 ci-dessus.

7. Le périclase, MgO

Ce minéral peut être rencontré dans quelques calcaires dolomitiques, il peut se transformer en $Mg(OH)_2$ en développant des gonflements par réaction avec le ciment.

Deleterious reaction of silica with cement can be reduced or eliminated by using pozzolans in the concrete mixtures, see Section 4.1.

3. Sulphate minerals: Gypsum, $CaSO_4 \cdot 2H_2O$ and anhydrite, $CaSO_4$

Both gypsum and anhydrite can cause sulphate attack in concrete, see Section 2.10.2.

Gypsum is used in cement to control setting time. The presence of the more soluble forms of gypsum in the aggregate may increase the setting time or prevent the concrete from setting altogether. Natural anhydrite has slower solubility than synthetic anhydrite and can lead to compatibility problems with some chemical additives. If the anhydrite is soluble it will affect the setting time as does gypsum.

The main problem of gypsum in aggregates is not that it reacts with aluminates when the concrete is in a plastic state, but reacts when hardened, which produces internal sulphate attack, similar to the reaction with oxidation of pyrites and pyrrhotites. Moreover, under certain conditions of temperature and in the presence of carbonates and silicates it can give thaumasite formation, although this is a rare reaction, see Section 2.10.2 - 3.

4. Iron sulphide minerals

Iron pyrite, FeS_2 is the most common mineral in this group. Through chemical reaction pyrite can create SO_3 and therefore generate internal sulphate attack, see Section 2.10.2 - 2. Iron pyrites and marcasite can react with the hydration products of cement and swell. Not all iron pyrites is harmful (Neville, 1995). There are also cases with iron pyrite inclusions in limestone or granite of a size significantly less than one millimetre generating ettringite formation and deterioration of concrete.

5. Clay

Clay is mostly harmful to concrete and is normally excluded from aggregate. There are some minerals which might turn to clay through chemical reactions, including weathering. This includes zeolite and laumontite, sometimes present in basaltic rock (amygdales) and some marl, even if initially hard, and some forms of mica. Clay has been added to concrete mixes in a controlled manner as pozzolan (Chapter 4) and to reduce the concrete modulus. Clay may occur as coatings on fine or coarse aggregate which has to be removed by washing. Typically clay content is limited to 1% of the total aggregate for mass concrete.

6. Salt (NaCl, KCl)

Water soluble salts can occur as a contaminant. Salts may contribute to corrosion of steel reinforcement and embedded items. Typical limits for total water and acid soluble chloride content are 0.5 kg/m^3 for pre-stressed concrete and 0.8 kg/m^3 for reinforced concrete exposed to moisture or chloride in service. There are no particular limitations for unreinforced mass concrete.

Chlorides may react with hydrated and anhydrous compounds of cement, leading to the formation of an expansive compound known "Friedel's salt", which subsequently can also react with the sulphates to form ettringite, c.f. item 4 above.

7. Periclase, MgO,

This mineral can be found within some dolomitic limestone which changes into $Mg(OH)_2$ and has swelling properties when reacting with cement.

2.10.2. Réactions

1. RAG / ASR

La Réaction Alcalis/Granulats (RAG dénommée également réaction Alcalis/ Silice ASR) a été identifiée dans de nombreux barrages en béton (CIGB Bulletin 79). La RAG apparaît normalement 20 à 30 ans après l'achèvement du barrage, mais peut se manifester après quelques années seulement. Les alcalins du ciment peuvent réagir avec les minéraux de la roche contenant de la silice pseudo-amorphe (y compris la cristobalite et la tridymite) et du quartz à extinction ondulante ou à texture granulaire, voir § 2.10.1 - 2.

Un examen doit être réalisé afin de vérifier la réactivité de la matière première par rapport au risque RAG. Il y a eu des cas où les granulats grossiers et fins étaient si réactifs qu'ils ont agi comme s'ils étaient des pouzzolanes et aucune réaction indésirable à long terme n'a eu lieu. Les méthodes d'essai pour la RAG peuvent être trouvées dans ASTM C1260, ASTM C1293, AFNOR P 18-542, AFNOR NF P 18-454 et AFNOR FD P 18-456, AFNOR NF P 18-594 ainsi que dans RILEM –Méthodes d'essais recommandées. Le choix de la méthode d'essai doit faire l'objet d'un examen critique et les tests doivent commencer le plus tôt possible. Parallèlement aux méthodes d'essai mentionnées ci-dessus, la pétrographie ciblée est indispensable. Généralement, la séquence d'essais requise pour définir la sensibilité d'un granulat est d'abord l'analyse pétrographique, ensuite un essai accéléré avec des granulats et du ciment dans du mortier et, s'il s'avère réactif, des essais avec des granulats et du ciment dans du béton avec une addition pouzzolanique si elle est utilisée.

2. Réaction sulfatique interne – RSI

La RSI se produit lorsqu'une source de sulfates se trouve incorporée dans le béton. Les exemples incluent l'utilisation de granulats riches en sulfates, l'excès de gypse ajouté dans le ciment ou une contamination d'autre nature. La réaction provoque un gonflement du béton conduisant à une perte de résistance.

Le phénomène est causé par la formation d'ettringite à la suite de la réaction de l'aluminate de calcium avec le sulfate de calcium. Le contrôle de la teneur en SO_3 des granulats et de la température du béton sont les facteurs clé pour éviter la RSI. La norme EN 1744-1 limite le SO_3 soluble dans l'acide à un maximum de 0,8 % en masse du granulat. La température maximale du béton pendant l'hydratation doit être maintenue en dessous de 60-70 °C.

3. Réaction Alcalis/Carbonates - RAC

La RAC n'est pas très fréquente. C'est une réaction qui se produit entre les alcalins présents dans le ciment et les granulats contenant de la dolomie avec formation de brucite (oxyde de magnésium) et régénération alcaline dans le béton, cf. § 2.10.1 - 7. Ces dernières années, certains exemples de RAC ont été réinterprétés comme RAG, car la présence de silice réactive dans une roche hôte carbonatée avait été détectée (Katayama et al, 2008).

2.10.3. Les granulats, résistance et intégrité structurelle

1. Résistance mécanique

La résistance est initialement évaluée par une inspection sur le terrain et plus tard par des tests de résistance à la compression uni-axiale (RCU). Les granulats élémentaires auront normalement une résistance supérieure à celle indiquée par la RCU car les éprouvettes contiennent des défauts qui sont effacés lors de la mesure d'écrasement des granulats. La mesure de la perte de matière par abrasion permettra d'identifier un matériau ayant une résistance trop faible pour convenir et c'est normalement le meilleur guide.

2.10.2. Reactions

1. ASR

Alkali Silica Reaction (ASR) has been identified in many concrete dams (ICOLD Bulletin 79). ASR normally becomes apparent 20 to 30 years after the dam completion but can manifest itself within only a few years. The alkalis of the cement may react with minerals of the rock containing pseudo-amorphous silica (including cristobalite and tridymite) and strained or granulated quartz, see Section 2.10.1 - 2.

An examination must be carried out in order to check the reactivity of the raw material with reference to the ASR risk. There have been instances where the coarse and fine aggregate was so reactive that it acted as its own pozzolan and no adverse long term reaction took place. Test methods for ASR may be found in ASTM C1260, ASTM C1293, AFNOR P 18-542, AFNOR NF P 18-454, and AFNOR FD P 18-456, AFNOR NF P 18-594 and RILEM Recommended Test Methods. The choice of testing method should be critically considered and testing should commence as early as possible. Along with the above referred testing methods, targeted petrography is indispensable. Generally the test sequence required to define the the susceptibility of an aggregate is first the petrographic analysis, secondly an accelerated test with aggregate and cement in mortar and, if shown to be reactive, tests with the aggregate and cement in concrete with the addition of pozzolan if used.

2. Internal Sulphate Attack, ISA

ISA occurs when a source of sulphate is incorporated into the concrete. Examples include the use of sulphate-rich aggregate, excess of added gypsum in the cement or contamination. The reaction causes swelling of the concrete and loss of strength.

The phenomenon is caused by the formation of ettringite as a result of the reaction of calcium aluminate with calcium sulphate. Control of the SO_3 content of the aggregates and concrete temperature are the key factors in avoiding ISA. EN 1744-1 limits the acid soluble SO_3 to a maximum of 0.8 % by mass of the aggregate. The maximum temperature of concrete during hydration should be kept below 60-70 °C.

3. Alkali-Carbonate Reaction, ACR

ACR is not very frequent. It is a reaction that occurs between the alkalis present in cement and aggregate containing dolomite with the formation of brucite (magnesium oxide) and alkali regeneration to concrete, c.f. Section 2.10.1 - 7. In recent years, some examples of ACR have been reinterpreted as ASR, i.e. reactive silica within a carbonate host rock (Katayama et al, 2008).

2.10.3. Aggregate strength and integrity

1. Strength

Strength is initially assessed by field inspection and later by testing of uniaxial compressive strength (UCS). The aggregate particles will normally have a higher strength than that indicated by the UCS as the test specimens contain flaws which are obliterated in aggregate crushing. The measurement of abrasion loss will show any material which is too weak to be suitable and this is normally a better guide.

2. Perte à l'abrasion

La perte par abrasion est généralement testée dans la machine d'essai d'abrasion de Los Angeles. Les pertes peuvent varier de 10% environ pour les très bonnes roches ignées à 60 ou 70 % et même plus pour des roches sédimentaires plus faibles. La valeur maximale acceptable est de 50 % dans la norme ASTM C33, mais un maximum de 40 % est généralement recommandé. L'objectif principal de cette norme d'essai est de s'assurer que la dégradation physique du granulat au cours des opérations de manutention reste à un niveau qui ne modifie pas de manière significative les courbes granulométriques. Si des précautions appropriées sont prises et des tests de contrôle effectués, un matériau avec une perte par abrasion supérieure à 40% peut être utilisé, un matériau avec plus de 60% a été utilisé avec succès au barrage Upper Stillwater. Dans l'EN 12620, il n'y a pas de limite supérieure mais les agrégats avec des pertes supérieures à 40 % doivent être évalués sur une base d'expérience d'utilisation. Avec des matériaux à forte perte par abrasion, il peut être nécessaire d'éliminer les phases de stockage (de transporter le matériau directement de l'usine de criblage à l'usine de dosage) et de transporter l'agrégat par camion plutôt que par convoyeur, et de faire une nouvelle opération de criblage juste avant d'entrer dans la centrale à béton et enfin de faire un tamisage humide du béton frais pour vérifier la courbe granulométrique réelle. Les informations de ce test peuvent être utilisées pour ajuster les poids de chaque classe granulaire jusqu'à ce qu'une granulométrie acceptable de béton frais soit obtenue. D'autres mesures peuvent inclure une réduction du temps de malaxage et, dans les applications RCC, la limitation des passes de compactage, l'adoption de formules plus faciles à travailler et la réduction de la proportion de gros granulats dans la formule.

3. Feuilletage

La stratification ou le feuilletage est la condition suivant laquelle la roche se divise facilement en couches minces ou en lamelles. Les fissures peuvent se produire sur des plans de stratification ou de foliation et sont présentes dans de nombreuses roches sédimentaires et leurs équivalents métamorphiques. Lorsqu'elles sont passées dans un concasseur, les particules résultantes ont tendance à être allongées et plates, deux propriétés indésirables pour les granulats pour béton. La forme des particules peut être améliorée avec des broyeurs à percussion. Un excès de particules plates et allongées n'a pas besoin d'être exclu en tant qu'agrégat, mais leur inclusion entraînera des dosages en ciment plus élevés. Le béton fabriqué avec un tel granulat a généralement des propriétés anisotropes plus marqués que le béton fabriqué avec un granulat cubique ou bien arrondi. Pour un RCC en particulier, la résistance à la traction dans le sens vertical peut être réduite. De plus, le coût du béton fabriqué avec de tels granulats sera plus élevé que la normale.

4. Désagrégation

Certains types de roches, généralement les marnes, les schistes, les silts et l'argile, se désagrègent lorsqu'ils sont exposés à l'humidité de l'air ou à l'eau. Un tel matériau ne conviendra pas comme source de granulat. Cette propriété est généralement mise en évidence dans les caisses de carottes où elle peut se produire dans les jours ou les semaines suivant l'exposition des carottes.

5. Altération

L'altération peut affaiblir la roche et produire des particules faibles et nocives selon son degré. Une roche qui peut convenir au départ selon ses propriétés peut ne plus convenir dans son état altéré ; elle sera certainement inadaptée si elle est complètement altérée. On peut s'attendre à ce que des roches de classes d'altération I et II (classification ISRM) puissent être utilisables.

6. Stabilité dimensionnelle

Les roches qui changent de volume en fonction d'une modification de leur teneur en eau ne conviennent normalement pas comme granulat. Selon EN 12620, le retrait au séchage d'un granulat ne doit pas dépasser 0,075 %. Si des minéraux argileux sont identifiés, il y aura un risque important d'instabilité dimensionnelle. De telles roches peuvent être des schistes et d'autres roches sédimentaires à grains fins qui sont des roches faiblement indurées ou chimiquement altérées. Les granulats produits à partir de schiste, d'ardoise, d'hornblende et de grauwacke sont, à des degrés divers, responsables d'un retrait élevé du béton. [Nott et al. -2012] rapportent l'utilisation réussie d'agrégats avec un retrait qui a dépassé les normes australiennes (et européennes).

2. Abrasion loss

Abrasion loss is commonly tested in the Los Angeles abrasion testing machine. Losses can vary from 10% or so for very good igneous rocks to 60 or 70% and even higher for weaker sedimentary rocks. The acceptable maximum value is 50% in ASTM C33 but a maximum of 40% is commonly recommended. The main purpose of the test standard is to ensure that breakage of aggregate during handling remains at a level which do not significantly alter the grading curves. If suitable precautions are taken and control tests carried out, material with a higher abrasion loss than 40% can be used and over 60% has been used successfully at Upper Stillwater dam. In EN 12620 there is no upper limit but aggregates with losses exceeding 40% should be assessed on the basis of experience of use. With high abrasion loss material it may be necessary to eliminate stockpiles (and take the material directly from the screening plant to the batch plant) and transport aggregate by truck rather than conveyor, and provide re-screening aggregate just before it enters the batching plant and wet screening fresh concrete to check on the actual grading curve. Information from this test can be used to adjust the batch weights until an acceptable aggregate grading is achieved in the fresh concrete. Other measures may include using shorter batching times and in RCC applications limiting equipment passes, adopting more workable mixes and reducing the proportion of coarse aggregate in the mix.

3. Lamination

Lamination is the condition where the rock readily splits into thin slabs or lamina. The splits may occur on bedding or foliation planes and are present in many sedimentary rocks and their metamorphosed equivalents. When put through a crusher the resulting particles tend to be elongated and flaky, both undesirable properties in concrete aggregate. Particle shape can be improved with impact crushers. Excessive flat and elongated particles need not be excluded as aggregate, but their inclusion will give higher cement demands. Concrete made with such aggregate is typically more anisotropic in its properties than concrete made with cubic or well-rounded aggregate. With RCC in particular, tensile strength in the vertical direction may be reduced. Furthermore, the cost of the concrete made with such aggregate will be higher than normal.

4. Slaking

Some rock types, typically marl, shale, siltstone and claystone, deteriorate when exposed to the humidity of the air (water). Such material will not be suitable as a source of aggregate. This property is commonly evident in core boxes where it might occur within days or weeks of the core being exposed.

5. Weathering

Weathering may weaken rock and produce weak and deleterious particles depending on its degree. Rock that is suitable according to the rock type may be unsuitable in its weathered state and will certainly be unsuitable if completely weathered. Rock in weathering class I and II (ISRM classification) can be expected to be suitable from a weathering standpoint.

6. Dimensional stability

Rocks which change volume in response to changing water content are normally not suitable as aggregate. According to EN 12620, the drying shrinkage of aggregate should not exceed 0.075%. If clay minerals are identified, there will be a significant risk of dimensional instability. Such rocks may include shales and other fine-grained sedimentary rocks which are poorly indurated or chemically altered rock. Aggregate with shale, slate, hornblende and greywacke are to varying extents associated with high shrinkage in concrete. Nott *et al.* (2012) report the successful use of aggregate with shrinkage which exceeded the Australian (and European) norms.

La norme ASTM C157 prescrit une méthode de mesure du retrait qui utilise des prismes de béton durcis à l'humidité. Ces prismes ont une section de 100 x 100 mm et une longueur de 285 mm, ce qui peut être trop petit pour donner des résultats réalistes pour les bétons de barrage. Des spécimens plus grands peuvent être nécessaires. (voir ICOLD Bulletin 145, p 5-10)

Le retrait des particules riches en argile est très courant bien qu'elles ne représentent généralement pas la grande partie d'un granulat. Certains types d'argile sont particulièrement sujets aux changements de volume en fonction une teneur en humidité variable. L'argile peut être un contaminant du granulat ou une partie naturelle de celui-ci. Des tests avec de l'éthylène glycol et le test MBV (valeur au bleu de méthyle) aideront à identifier les roches potentiellement inadaptées [Nott et al, 2012]

7. Stabilité/Durabilité : résistance au gel

La stabilité des granulats se définit par leur capacité à résister aux actions agressives auxquelles le béton pourrait être exposé, en particulier celles dues aux intempéries. Les dommages dus au gel et au dégel constituent le risque principal lorsque des températures inférieures à zéro peuvent survenir.

Le potentiel de dommages augmente avec le nombre de cycles de gel-dégel et la diminution de la température.

Un examen pétrographique du granulat selon la procédure spécifiée dans la norme ASTM C295 ou BS 812-104 peut donner une indication de la présence de particules sensibles et hautement absorbantes susceptibles d'être endommagées par l'action du gel-dégel. Lorsque la présence de telles particules est observée ou suspectée, un test physique peut être utilisé pour évaluer la résistance au gel-dégel du granulat.

Les granulats sensibles produits à partir de roches fortement altérées et de certains conglomérats et brèches peuvent inclure les roches nocives suivantes : schiste, micaschiste, phyllite, calcaire avec inclusion de lamelles argileuses expansives, dolomite altérée, craie, marne, schiste, silex preux et chaille, basalte poreux altéré, particules contenant des argiles expansives ou des agrégats faiblement cimentés par des minéraux argileux.

La résistance au gel-dégel du granulat dépend principalement du type d'exposition climatique, du type d'utilisation et de la pétrographie. La fréquence des cycles de gel-dégel et le degré de saturation des granulats sont importants. Si les granulats sont exposés à l'eau de mer ou aux sels de déglaçage, le risque de dégradation par le gel-dégel augmente nettement. La résistance au gel-dégel est également liée à la résistance des grains des granulats, à la distribution et à la taille des pores et à la quantité de pores dans les agrégats.

Un premier dépistage peut être effectué avec un test d'absorption d'eau selon EN 1097-6 où une valeur inférieure à 1% correspond à une bonne résistance au gel-dégel des granulats quel que soit le type d'exposition. Cependant, de nombreux granulats qualifiés de conformes ont des valeurs d'absorption significativement plus élevées, ce qui voudrait dire que ce critère est peut-être trop conservateur.

Pour les granulats avec des absorptions d'eau supérieures à 1 %, des essais supplémentaires peuvent être effectués conformément à l'EN 1367-1, où la perte de poids en pourcentage est mesurée après congélation et décongélation dans l'eau. Si les granulats ou les bétons sont exposés à l'eau de mer ou aux sels de déglaçage, un essai selon EN 1367-2 doit être effectué. Les limites acceptables en fonction du type d'exposition et des régions climatiques peuvent être trouvées dans l'EN 12620, Tableau F1, qui doit être lu conjointement avec le Tableau 18 de la même EN. Pour les conditions les plus sévères, la perte de poids ne doit pas dépasser 1 %.

Des essais physiques peuvent être effectués selon ASTM C88 ou CRD-C 148-69.

ASTM C157 prescribes a method of measuring shrinkage which uses moist cured concrete prisms. These prisms are 100 mm square and 285 mm long which may be too small to give realistic results for dam concrete. Larger specimens may be required, see ICOLD Bulletin 145, p 5-10.

Shrinkage of clay-rich particles is very common although they do not usually form a large proportion of an aggregate. Some clay types are particularly prone to volume change with varying moisture content. The clay can be a contaminant of the aggregate or a natural part of it. Testing with ethylene glycol and the MBV (methyl blue value) test will help identify potentially unsuitable rock (Nott et al, 2012).

7. Soundness: Freeze-thaw Resistance

Soundness of aggregate is the ability to withstand aggressive action to which concrete might be exposed, particularly that due to weather. Damage due to freezing and thawing is the prime concern where sub-zero temperatures may occur.

Damage potential increases with the number of freeze-thaw cycles and decrease in temperature.

A petrographic examination of the aggregate according to the procedure specified in ASTM C295 or BS 812-104 can give an indication of the presence of weak and highly absorptive particles that can be susceptible to damage from freeze-thaw action. Where the presence of such particles is observed or suspected, a physical test can be used to assess freeze-thaw resistance of the aggregate.

Susceptible aggregates derived from highly weathered rocks and some conglomerates and breccia may include the following deleterious rocks: schist, mica schist, phyllite, limestone with expansive clay laminae, altered dolomite, chalk, marl, shale, porous flint and chert, altered porous basalt, particles containing expansive clays or aggregate loosely cemented by clay minerals.

Freeze-thaw resistance of the aggregate is mainly dependent on type of climatic exposure, type of use and petrography. The frequency of freeze-thaw cycles and the degree of saturation of the aggregates is important. If the aggregates are exposed to sea water or de-icing salts, the risk of freeze-thaw degradation increases markedly. The freeze-thaw resistance is also related to aggregate grain strength, pore size distribution and amount of pores within the aggregates.

A first screening may be done with a water absorption test according to EN 1097-6 where a result below 1% suggests good freeze-thaw resistance of the aggregates irrespective of exposure type. However, many satisfactory aggregates have significantly higher absorption values, so that this criterion may be overly conservative.

For aggregates with water absorptions over 1%, further testing may be carried out according to EN 1367-1 where the weight loss in percent is measured after freezing and thawing in water. If the aggregates (concrete) will be exposed to sea water or de-icing salts a test according to EN 1367-2 should be performed. Acceptable limits depending on exposure type and climatic regions can be found in EN 12620, Table F1, which has to be read in conjunction with Table 18 of the same EN. For the most severe conditions the weight loss should not exceed 1%.

Physical tests may be carried out to ASTM C88 or CRD-C 148-69.

Dans des conditions sévères, l'essai de la durabilité au gel-dégel du béton durci doit encore être effectué même si les granulats sont considérés comme durables. Les essais peuvent être effectués conformément à la norme CEN/TS 12390-9 où une bonne durabilité est prouvée lorsque la perte de matière par écaillage est inférieure à 0,5 kg/m².

Les tests de résistance à l'action du sulfate de sodium peuvent être effectués selon la norme ASTM C 88 et les échantillons sont jugés satisfaisants si la perte moyenne en poids, après 5 cycles, n'est pas supérieure à 12 % et pas supérieure à 18 % lorsque le sulfate de magnésium est utilisé. (les limites sont de 10% et 15% pour les granulats fins).

8. Absorption d'eau

L'absorption d'eau peut être un facteur important dans le choix des granulats, en particulier si le barrage est exposé à des cycles de gel-dégel. L'absorption d'eau est souvent liée à des granulats de moindre qualité. L'absorption d'eau n'est normalement pas un facteur significatif dans le choix du granulat dans les climats sans gel. Cependant, il existe des cas où la forte absorption du granulat a considérablement perturbé l'efficacité des retardateurs de prise des BCR. Si un choix est possible, un granulat à faible absorption doit être préféré. Tous les granulats utilisés dans le béton doivent être saturés avec une surface sèche (SSS) lorsqu'ils entrent dans les malaxeurs et cela doit être assuré par des systèmes d'arrosage ou de brumisation appropriés sur les tas. Les granulats fins ont généralement une absorption plus élevée que les granulats grossiers. La résistance des granulats et la résistance résultante du béton sont affectées négativement à mesure que les valeurs d'absorption augmentent.

Dans la norme EN 1097-6, la valeur d'absorption d'eau ne doit pas dépasser 3 à 5 % selon le type de roche.

2.10.4. *Éléments polluants*

1. Teneur en éléments coquillers

La présence d'éléments coquillers dans les granulats grossiers et fins a peu d'effet sur la résistance à la compression, mais a par contre un certain effet sur la résistance à la traction et la maniabilité. La norme EN 12620 recommande une limite maximale de 10 % pour les granulats grossiers pour la catégorie la plus stricte.

Si le pourcentage d'éléments coquillers dépasse les exigences de la norme ou du code, des essais doivent être effectués pour vérifier que les résistances à la compression et à la traction requises peuvent être atteintes de manière économique et que l'impact sur la durabilité est limité

2. Impuretés organiques

Les matières organiques présentes dans les granulats peuvent avoir un effet retardateur sur la prise de la pâte de cimentaire et peut entraîner une diminution de la résistance du matériau durci à tous les âges.

La présence d'impuretés organiques peut être testée selon ASTM C40 ou EN 1744-1. Si le matériau ne satisfait pas ce test, d'autres tests sont nécessaires en utilisant la norme ASTM C87. Dans ce cas, la résistance mécanique du mortier est testée, ce mortier est fabriqué avec le sable à l'état naturel et lavé et les résultats sont comparés. L'effet des impuretés peut continuer à se manifester dans le temps. Les granulats et les fillers contenant des substances organiques ou autres dans des proportions qui modifient la vitesse de prise et de durcissement du béton doivent être évalués pour leur effet sur le temps de raidissement du béton et sa résistance à la compression conformément à la norme ASTM C87 ou EN 1744-1. Les proportions de ces matériaux doivent être telles que, conformément à l'EN 1744-1, elles n'augmentent pas le temps de raidissement des éprouvettes de mortier de plus de 120 min et qu'elles ne diminuent pas la résistance à la compression des éprouvettes de mortier de plus de 20% à 28 jours.

In severe conditions testing of the hardened concrete freeze-thaw durability still has to be done even if the aggregates are considered durable. Testing can be made according to CEN/TS 12390-9 where good durability is proved when scaling is below 0.5 kg/m^2.

Testing of the resistance to the sodium sulphate action can be done according to ASTM C 88 and samples are deemed satisfactory if the average loss by weight, after 5 cycles, is not more than 12% and not more than 18% when magnesium sulphate is used (the limits are 10% and 15% for fine aggregate).

8.   Water absorption

Water absorption can be a significant factor in the choice of aggregate, particularly if the dam will be exposed to freeze-thaw cycles, and is commonly associated with lesser quality aggregates. Water absorption normally is not a significant factor in the choice of aggregate in frost-free climates. However, there are cases where the high absorption of the aggregate has considerably disturbed the effectiveness of setting time retarding admixtures in RCC. If there is a choice, aggregate with a low absorption is preferred. All aggregate used in concrete should be saturated surface dry (SSD) when it enters the mixers and this has to be ensured by suitable watering systems in the stockpiles. Fine aggregates generally have a higher absorption than the coarse aggregate. Particle strength and resulting strength of concrete is adversely affected as absorption values increase.

In EN 1097-6 the value for water absorption should not exceed 3 to 5 % depending on the type of rock.

2.10.4. Contaminants

1.   Shell content

Shell content of coarse and fine aggregate has little effect on compressive strength, but some effect on tensile strength and workability. EN 12620 recommends a maximum limit of 10% for coarse aggregate for the strictest category.

If the shell content exceeds standard or code requirements, tests must be carried out to check that the required compressive and tensile strengths can be achieved economically and that the impact on durability is limited.

2.   Organic impurities

Organic matter in aggregate may have a retarding effect on the setting of cementitious material and may result in lower strengths of the hardened material at all ages.

The presence of organic impurities may be tested according to ASTM C40 or EN 1744-1. If the material fails this test, further tests are required using ASTM C87. Here mortar is tested for strength using sand in its natural state and washed and the results compared. There may be time dependence of the effect of impurities. Aggregates and filler aggregates that contain organic or other substances in proportions that alter the rate of setting and hardening of concrete shall be assessed for the effect on stiffening time and compressive strength in accordance with ASTM C87 or EN 1744-1. The proportions of such materials shall be such that, in accordance with EN 1744-1, they do not increase the stiffening time of mortar test specimens by more than 120 min and that they do not decrease the compressive strength of mortar test specimens by more than 20% at 28 days.

3. Éléments nocifs

Certains des minéraux délétères ci-dessus peuvent être des facteurs susceptibles de compromettre la durabilité du béton. D'autres éléments peuvent être rencontrés comme le bois et le charbon. En particulier, le charbon peut gonfler et perturber l'hydratation. La quantité de toutes les particules non saines est normalement limitée à 2 à 5 %. Le charbon est autorisé jusqu'à 0,25 % selon la norme EN 12620 et 0,5 à 1 % selon la norme ASTM C33.

4. Présence de fines dans les granulats

Les grains d'une taille inférieure à environ 75 microns constituent les fines des granulats. Leur pourcentage est normalement limité pour préserver l'ouvrabilité et la granulométrie globale du béton. Les limites courantes suivantes sont normalement admises:

- Grossier : 2 % mais jusqu'à 4 % pour toutes les roches concassées

- Fin : 4% mais jusqu'à 16% pour toute roche concassée

- Total Granulats : 11 %

Les fines adhérant fermement à la surface des granulats grossiers peuvent faire chuter les résistances à la traction, un lavage peut être dans ce cas nécessaire.

La norme ASTM 33 autorise 3 à 5 % de fines pour les granulats fins, 5 à 7 % pour le sable manufacturé et jusqu'à 1,5 % pour les granulats grossiers selon l'utilisation du béton.

Le test de « l'équivalent sable » fournit une mesure des proportions relatives de fines nuisibles ou de matériaux ressemblant à de l'argile dans les granulats fins. Ce test peut être effectué conformément à la norme ASTM D2419.

Les exigences de l'ASTM peuvent être trop restrictives. Des pourcentages élevés de fines peuvent être acceptables, en particulier dans le RCC, sous réserve de disposer de résultats d'essais satisfaisants sur des gâchées d'essai. Les pourcentages doivent être sensiblement constants quelle que soit leur valeur.

3. Unsound particles

Some of the deleterious mineral above may be unsound particles. Others may occur such as wood and coal. Particularly coal can swell and can disrupt hydration. The quantity of all unsound particles is normally limited to 2 to 5%. Up to 0.25% coal is allowable according to EN 12620 and 0.5 to 1% is allowed by ASTM C33.

4. Fines in aggregate

Fines in aggregate, particles less than about 75 micron in size, are normally limited to safeguard workability and overall grading. Common limitations on fines in aggregate are:

Coarse:	2% but up to 4% for all crushed rock
Fine:	4% but up to 16% for all crushed rock
All-in aggregate:	11%

Included fines should be non-plastic. Fines adhering firmly to coarse aggregate surfaces can result in reduced tensile strengths, washing may be required.

ASTM 33 gives 3 to 5% for fine aggregate increased to 5 to 7% for manufactured sand and up to 1.5 % of coarse aggregate depending on concrete use.

The sand equivalent test provides a measure of the relative proportions of detrimental fine dust or clay-like material in fine aggregate. The test may be done in accordance with ASTM D2419.

The ASTM requirements can be too restrictive. High percentages of fines may be acceptable, particularly in RCC, subject to satisfactory test results on trial mixes. The percentages should be sensibly constant whatever their value.

3.   CIMENTS

3.1.   CHOIX DU CIMENT

La sélection du ciment commence par une enquête auprès des fabricants situés à une distance raisonnable du barrage pour avoir connaissance de leur production. Une distance raisonnable peut être très grande ; des distances de transport de plusieurs centaines de kilomètres ne sont pas inhabituelles. La sélection est faite à partir du type et de la qualité du ciment, de la capacité des fabricants à livrer les quantités adéquates, de ses performances avec une addition et de son coût livré sur site. Dans la mesure du possible, tout le ciment doit provenir d'une source unique.

Il convient de choisir une source de ciment qui donne un produit conforme à la norme. Lors du choix des fournisseurs de ciment pour les grands ouvrages en béton, il est important de vérifier que l'usine est capable de produire un produit chimiquement et physiquement constant. Il sera nécessaire d'obtenir des séries d'essais, de préférence réalisés indépendamment du fabricant, couvrant une longue période (plusieurs mois ou années). Il peut également être nécessaire d'étudier le processus de production de l'usine en détail pour vérifier la constance des matières premières et de la fabrication ainsi que les procédures de contrôle de la qualité.

Les normes d'essai pour le ciment sont énumérées dans le Tableau B2.

Les types de ciment les plus courants sont fabriqués selon les normes EN 197 CEM I et ASTM C150 Type I. Ce sont des ciments de base utilisés pour la construction générale. Le ciment de type ASTM II est préféré pour le béton de masse en raison de sa plus faible chaleur d'hydratation, il est de préférence utilisé lorsqu'il est disponible. Avec l'utilisation d'une addition pouzzolanique dans le béton, l'utilisation de ciments à faible chaleur d'hydratation et résistants aux sulfates est moins impérative. Le type I ou CEM I serait utilisé dans le béton de masse normalement en ajoutant un produit ayant des propriétés pouzzolaniques. La volonté mondiale de réduire les émissions de dioxyde de carbone peut entraîner des changements dans le secteur du ciment et avoir un impact sur le choix du ciment, avec une tendance possible à une disponibilité réduite du CEM I et du Type I et à leur remplacement par le CEM II ou similaire. Le CEM II comprend une famille de dix-neuf types de ciment avec 6 à 35 % d'une addition qui peut être du laitier, de la fumée de silice, de la pouzzolane naturelle, des cendres volantes, du schiste calciné, du filler calcaire ou une combinaison de ceux-ci. Pour le béton de masse (CVC), les ciments avec constituants secondaires peuvent être utilisés seuls ou additionnés de pouzzolane. Les ciments fabriqués avec des constituants secondaires, y compris les ciments de laitier, ne sont généralement pas privilégiés pour la construction de grands barrages en RCC. L'addition pouzzolanique doit de préférence être ajoutée sur site selon des ratios déterminés à partir d'essais spécifiques au site, voir le chapitre 4. Les propriétés chimiques et physiques du ciment avec constituants secondaires doivent être particulièrement constantes pour cette application et doivent être garanties.

3.2.   CONFORMITÉ AUX NORMES ET RÉGULARITÉ DE PRODUCTION

3.2.1.   Composition chimique

La composition chimique du ciment Portland est variable et complexe. Il est fabriqué en cuisant un mélange d'argile et de calcaire dans un four pour produire du clinker, en ajoutant du gypse pour réguler le temps de prise et en le broyant pour obtenir une poudre fine.

Les principaux constituants chimiques sont présentés dans le Tableau 3.1. La manière conventionnelle de représenter les constituants consiste à indiquer leur composition potentielle – CP.

3.   CEMENT

3.1.   SELECTION OF CEMENT

The selection of cement starts with a survey of manufacturers within a reasonable distance of the dam and the products they produce. A reasonable distance can be very large; haul distances of many hundreds of kilometres are not unusual. The selection is made from the type and quality of the cement, the ability of the manufacturers to deliver adequate quantities, how it performs with pozzolan and its cost delivered to site. Wherever possible all cement should be obtained from a single source.

A source of cement should be selected which gives a product which conforms to an appropriate standard. When deciding on cement suppliers for major dam concrete works it is important to check that the factory is capable of producing a chemically and physically consistent product. It will be necessary to obtain test series, preferably done independently of the manufacturer, covering a long time period (many months or years). It may also be necessary to study the factory process in some detail to verify consistency of raw materials and manufacture as well as quality control procedures.

Test standards for cement are listed in Table B2.

The most common types of cement are manufactured to EN 197 CEM I and ASTM C150 Type I. These are basic cements used for general construction. Cement to ASTM Type II is preferred for mass concrete due to its lower heat of hydration and is used where available. With the use of pozzolan in the concrete the use of low heat and sulphate resistant cements is less imperative. Type I or CEM I would be used in mass concrete normally in conjunction with pozzolan. The worldwide drive to reduce carbon dioxide emissions may lead to changes in the cement sector and may have an impact on the selection of cement, with a possible trend of reduced availability of CEM I and Type I and their replacement with CEM II and similar. CEM II comprises a family of nineteen types of pozzolanic cement containing 6 to 35% pozzolan which may be slag, silica fume, natural pozzolan, fly-ash, burnt shale, limestone powder or a combination of these. For mass concrete (CVC), pozzolanic cements can be used alone or with additional pozzolan. Pozzolanic cements, including slag cements, are mostly not favoured for major RCC dam construction. Pozzolan should preferably be added at site at ratios determined from site specific tests, see Chapter 4. The chemical and physical properties of the pozzolanic cement have to be particularly consistent for this application and have to be assured.

3.2.   CONFORMANCE TO STANDARDS AND CONSISTENCY OF PROPERTIES

3.2.1.   Chemical composition

The chemical composition of Portland cement is variable and complex. It is manufactured by fusing clay and limestone in a kiln to produce clinker, adding gypsum to control setting time and grinding to a fine powder.

The main chemical constituents are shown in Table 3.1. The conventional way of representing the constituents is shown under the heading CCN, Cement Chemists' Notation.

Table 3.1
Principaux constituants du ciment Portland

Composition potentielle	CP	Masse %
Silicate tricalcique $(CaO)_3 \cdot SiO_2$	C_3S	45-75%
Silicate bicalcique $(CaO)_2 \cdot SiO_2$	C_2S	7-32%
Aluminate tricalcique $(CaO)_3 \cdot Al_2O_3$	C_3A	0-13%
Aluminoferrite tétracalcique $(CaO)_4 \cdot Al_2O_3 \cdot Fe_2O_3$	C_4AF	0-18%
Gypse, $CaSO_4 \cdot 2\,H_2O$		2-6 %

Les plages admissibles des principaux constituants sont larges. Des changements dans les ratios peuvent affecter les performances du ciment même si tous ces ratios se situent dans les plages autorisées par diverses normes. La quantité de silicate tricalcique et d'aluminate tricalcique affecte la résistance initiale et certains fabricants compenseront une carence de ce composant en broyant le ciment plus fin.

La conformité à une norme est nécessaire mais pas suffisante.

Les essais chimiques normalisés donnent pour divers composants des résultats qui peuvent être critiques pour la performance du ciment. Il s'agit de déterminer :

- la perte au feu

- le résidu insoluble

- la teneur en trioxyde de soufre

- la teneur en manganèse

- la teneur en alcali, requise lorsque l'agrégat est potentiellement réactif (ou dont la réactivité est inconnue)

Les limites normalisées sont indiquées dans le Tableau A1, le Tableau A2 et le Tableau A3.

3.2.2. Propriétés physiques

Les données des tests physiques sont utilisées pour alimenter le processus de sélection. La conformité aux normes est importante, tout comme la consistance dans le temps lors de la fabrication.

1. Temps de prise

La mesure du temps de prise de la pâte pure du ciment (par exemple ASTM C191 *Standard Test Methods for Time of Setting of Hydraulic Cement by Vicat Needle*) est un test représentatif. Les tests sur le ciment d'un fabricant identifié doivent avoir de la régularité dans le temps. Si les autres propriétés physiques sont également constantes, on peut dire que le ciment tel qu'il est fourni est constant. Toute irrégularité doit être étudiée et corrigée.

Pendant les phases d'évaluation et de construction, tout risque ou survenance d'une fausse prise doit être identifié et porté à l'attention du fabricant. Si le producteur ne peut pas résoudre le problème, une autre source doit être trouvée.

Table 3.1
Principal constituents of Portland cement

Chemical compound	CCN	Mass %
Tricalcium silicate $(CaO)_3 \cdot SiO_2$	C_3S	45-75%
Dicalcium silicate $(CaO)_2 \cdot SiO_2$	C_2S	7-32%
Tricalcium aluminate $(CaO)_3 \cdot Al_2O_3$	C_3A	0-13%
Tetracalcium aluminoferrite $(CaO)_4 \cdot Al_2O_3 \cdot Fe_2O_3$	C_4AF	0-18%
Gypsum, $CaSO_4 \cdot 2 H_2O$		2-6 %

The allowable ranges of the main constituents are large. Changes in the ratios can affect the performance of the cement even if all ratios are within ranges allowed by various standards. The amount of tricalcium silicate and tricalcium aluminate affects the early strength and some manufacturers will compensate for a deficiency of this component by milling the cement finer.

Conformance to a standard is necessary but not sufficient.

The standard chemical tests give results for various components which may be critical for cement performance. These are determination of:

- loss on ignition

- insoluble residue

- sulphur trioxide content

- manganese content

- alkali content, required where aggregate is potentially reactive (or its reactivity is unknown)

The standard limits are shown in Table A1, Table A2 and Table A3.

3.2.2. Physical properties

The physical test data are used in the selection process. Conformance to standards is important as is consistency with time during manufacture.

1. Setting time

The setting time for the cement using paste (e.g. ASTM C191 *Standard Test Methods for Time of Setting of Hydraulic Cement by Vicat Needle*) is an indicative test. Tests on cement from a particular manufacturer should be consistent over time. With consistency in other physical properties, this indicates that the cement as supplied is consistent. Inconsistency has to be investigated and corrected.

During both the evaluation and construction phases any risk or occurrence of false setting must be identified and drawn to the attention of the manufacturer. If the producer cannot solve the problem, another source must be found.

2. Résistance à la compression

La résistance à la compression et son évolution dans le temps dépendront principalement de la composition potentielle et de la finesse du ciment. Une méthode d'essai courante est la méthode d'essai ASTM C 109 pour la résistance à la compression des mortiers de ciment hydrauliques. En général, les résistances du ciment ne peuvent pas être utilisées pour prédire les résistances du béton avec une grande précision en raison des nombreuses variables provenant des caractéristiques des granulats, de la composition du béton et des procédés de construction.

3. Finesse Blaine

La finesse du ciment est généralement mesurée par sa surface spécifique, c'est-à-dire par la mesure de la surface totale de tous les grains contenus dans une unité de poids du ciment. Pour le ciment la surface spécifique est comprise entre 250 et 600 m²/kg (2500 à 6000 cm²/g). Le ciment pour les bétons de barrages devrait de préférence être dans la gamme de 300 à 350 m2/kg pour les ciments EN CEM I ou ASTM Type I et dans la gamme de 350 à 400 m²/kg pour les ciments contenant des additions pouzzolaniques.

4. Chaleur d'hydratation

La chaleur d'hydratation peut varier selon le fabricant et les changements de composition chimique et de finesse. Une faible chaleur d'hydratation est souhaitable mais peut ne pas être d'une importance primordiale lorsqu'une addition pouzzolanique est utilisée. La chaleur d'hydratation pour le ciment de type I et CEM I est typiquement de 350 J/g et 400 J/g à 7 et 28 jours respectivement. Le type II donne des valeurs légèrement inférieures et le type IV pourrait donner environ les 2/3 du type I.

La connaissance de la chaleur d'hydratation est nécessaire pour la conception des barrages et elle doit être mesurée. Le choix de la méthode d'essai de la chaleur d'hydratation est d'une importance majeure pour les bétons de barrage. Il existe trois méthodes couramment utilisées :

- La méthode chimique dite de « dissolution » telle que définie par EN 196-8 et ASTM C186,

- La méthode physique « semi-adiabatique » telle que définie par l'EN 196-9.

- la mesure de l'échauffement adiabatique du béton USBR 4911

L'EN 196-9 donne des valeurs plus proches des conditions thermiques réelles constatées dans les bétons du barrage et doit être utilisée pour comparer plusieurs alternatives de ciment, d'addition pouzzolanique et de dosage. L'USBR 4911 donne l'élévation de température et la chaleur d'hydratation pour le mélange complet et est particulièrement utile pour la conception finale du béton de masse et du BCR qui utilisent des pourcentages élevés de produits pouzzolaniques.

La méthode de « dissolution » donne des résultats fiables pour le ciment Portland, mais peut ne pas donner de résultats réalistes pour les ciments contenant de la pouzzolane ou du laitier.

Le Bulletin 145 de la CIGB, pages 6-2 à 6-10 fournit plus de détails sur la chaleur d'hydratation et sa mesure.

5. Robustesse/stabilité dimensionnelle/durabilité

La robustesse fait référence à la capacité d'une pâte durcie à conserver son volume après prise. Le manque de robustesse peut être dû à l'expansion destructrice retardée causée par des quantités excessives de chaux libre ou de magnésie (CaO et MgO). Elle est mesurée dans le test d'expansion à l'autoclave (ASTM C151), il fournit un indice d'expansion potentielle retardée causée par l'hydratation du liant, voir le Tableau A2.

2. Compressive strength

The compressive strength and its evolution with time will depend mainly on the compound composition and the fineness of the cement. A common test method is ASTM C 109 *Test Method for Compressive Strength of Hydraulic Cement Mortars*. In general, cement strengths cannot be used to predict concrete strengths with a great degree of accuracy because of the many variables in aggregate characteristics, concrete mixture and construction procedures.

3. Fineness: Blaine value

Fineness of the cement is usually measured by its specific surface area, i.e. by the total surface area of all grains contained in a unit weight of the cement. For cement the specific surface area is between 250 and 600 m^2/kg (2500 to 6000 cm^2/g). Cement for concrete in dams should preferably be in the range of 300 to 350 m^2/kg for EN CEM I or ASTM Type I and in the range of 350 to 400 m^2/kg for pozzolanic cements.

4. Heat of hydration

The heat of hydration can vary with manufacturer and with changes in chemical composition and fineness. A low heat of hydration is desirable but might not be of overriding importance when pozzolan is used. The heat of hydration for Type I and CEM I cement is typically 350 J/g and 400 J/g at 7 and 28 days respectively. Type II gives slightly lower values and Type IV might be around 2/3 of Type I.

Knowledge of the heat of hydration is required for dam design and it should be measured. The choice of the test method for the heat of hydration is of major importance for the dam concrete. There are three common methods:

- The "dissolution" chemical method as defined by EN 196-8 and ASTM C186,

- The "semi-adiabatic" physical method as defined by EN 196-9.

- Adiabatic temperature rise of concrete USBR 4911

EN 196-9 gives values that are nearer to the conditions in the dam and it should be used to evaluate several cement, pozzolan, and mixture alternatives. USBR 4911 gives the temperature rise and heat of hydration for the full mixture and is particularly useful for final design of mass concrete and RCC which use high percentages of pozzolan.

The "dissolution "method gives consistent results for Portland cement, but may not give realistic results for cements containing pozzolan or slag.

ICOLD Bulletin 145, pages 6-2 to 6-10 provides further detail on heat of hydration and its measurement.

5. Soundness

Soundness refers to the ability of a hardened paste to retain its volume after setting. Lack of soundness or delayed destructive expansion is caused by excessive amounts of hard-burned free lime or magnesia (CaO and MgO). It is measured in the autoclave expansion test (ASTM C151) and provides an index of potential delayed expansion caused by the hydration the compounds, see Table A2.

4. ADDITIONS MINÉRALES

4.1. POURQUOI LES UTILISER

Les additions minérales peuvent être cimentaires (appelés «matériaux cimentaires supplémentaires» en Amérique du Nord et additions hydrauliques ou pouzzolaniques en Europe comme indiqué précédemment) et réagir avec les produits d'hydratation du ciment pour former des composés solides. Les additions minérales peuvent être également conçues comme des charges inertes conçues pour augmenter la quantité de pâte dans le mélange de béton. Ces additions peuvent être utilisées pour des raisons d'économie et pour améliorer les propriétés du béton frais et du béton durci.

Les additions pouzzolaniques sont des matériaux artificiels ou naturels qui, bien qu'ils n'aient pas d'activité liante en eux-mêmes, contiennent des constituants (par exemple du quartz amorphe, des silicates d'aluminium et de calcium), qui se combinent avec la chaux à des températures ordinaires en présence d'eau pour former des composés possédant des propriétés cimentaires. La chaux évoquée qui se présente sous forme d'hydroxyde de calcium, résulte de l'hydratation du ciment.

L'utilisation de matériaux pouzzolaniques est désormais courante dans les bétons de barrage car :

- la chaleur d'hydratation est réduite

- la réaction alcali-silice est empêchée ou le risque est considérablement réduit

- le temps de prise est augmenté, ce qui est important pour le RCC

- les coûts des matériaux cimentaires sont souvent réduits car l'addition pouzzolanique peut être moins chère que le ciment

- la maniabilité peut être améliorée ou la demande en eau réduite, selon le produit utilisé

- la résistance à l'attaque des sulfates est améliorée

- la perméabilité peut être diminuée

Le mélange minéral peut modifier le retrait endogène. Les cendres volantes réduisent le retrait et les scories et les fumées de silice augmentent le retrait par rapport à l'utilisation de ciment seul.

L'addition minérale peut être ajoutée au béton dans des proportions importantes et, lorsqu'elle est suffisante, peut réagir avec tout l'hydroxyde de calcium généré par l'hydratation du ciment et empêcher la réaction alcali-silice. Dans ce contexte, des cendres volantes à faible teneur en chaux doivent être ajoutées à raison d'au moins 40 % de la teneur totale en ciment et peut-être plus. Le laitier de haut fourneau peut être intégré à hauteur de 50% pour obtenir le même effet et en France un minimum de 60% est requis. Des teneurs en pouzzolane allant jusqu'à 90% et plus de la teneur en ciment ont été utilisées.

Des essais seront nécessaires pour vérifier que la proportion d'addition pouzzolanique proposée est efficace pour éliminer la réaction nocive alcali-silice. Diverses procédures EN et ASTM sont disponibles mais elles peuvent ne pas donner de résultats réalistes pour les bétons de barrage en raison de la grande taille et de la longévité des structures et de la petite taille des éprouvettes. Une option consiste à fabriquer de grands cubes de béton avec du béton contenant les granulats et les matériaux cimentaires à utiliser dans le barrage. Ces cubes peuvent avoir une taille de l'ordre de 1 m ou plus. Ils doivent être fabriqués le plus tôt possible selon le planning du projet, de préférence au stade de la faisabilité, pour donner plusieurs années d'observation du potentiel d'expansion.

4.   MINERAL ADMIXTURES

4.1.   REASONS FOR USE

Mineral admixtures may be cementitious (termed 'Supplementary Cementitious Materials' in North America) and react with the hydration products of the cement to form strong compounds or they may be inert fillers designed to increase the amount of paste in the concrete mix. These admixtures may be included for reasons of economy and to enhance the fresh and hardened properties of the concrete.

Pozzolans are man-made or natural materials, which though not cementitious in themselves, contain constituents (e.g. amorphous quartz, aluminium and calcium silicates), which will combine with lime at ordinary temperatures in the presence of water to form compounds possessing cementitious properties. The lime, calcium hydroxide, results from hydration of cement.

The use of pozzolanic materials is now common in concrete for dams because:

- heat of hydration is reduced

- alkali-silica reaction is prevented or the risk substantially reduced

- setting time is increased, which is important for RCC

- costs of the cementitious materials are often reduced as pozzolan may be cheaper than cement

- workability may increase (or lowered water demand), depending on the pozzolan

- resistance to sulphate attack is increased

- permeability may be decreased

The mineral admixture can affect the extent of autogenous shrinkage. Fly-ash lowers shrinkage and slag and silica fume increasing shrinkage compared to the use of cement alone.

Pozzolan can be added to concrete in large ratios and where sufficient can react with all the calcium hydroxide generated by cement hydration and prevent alkali-silica reaction. In this context, low lime fly-ash should be added at a rate of not less than 40% of the total cementitious content and maybe more. Blastfurnace slag may be required at a rate of 50% to achieve the same effect and in France a minimum of 60% is required. Pozzolan contents of up to 90% and more of the cementitious content have been used.

Testing will be required to check that the proposed proportion of pozzolan is effective in eliminating harmful alkali-silica reaction. Various EN and ASTM procedures are available but they may not give realistic results for dam concrete due to the large size and longevity of the structures and the small size of the specimens. One option is to manufacture large concrete cubes with concrete containing the aggregate and cementitious materials to be used in the dam. These cubes might be of the order of 1 m or more in size. They need to be made as early as possible in the development of the project, preferably in the feasibility stage, to give several years of observation of potential expansion.

Les charges inertes peuvent être des fines de concassage, de la roche broyée et des minéraux (par exemple du calcaire) ou du limon.

Ces matériaux peuvent être ajoutés au béton sur le site pour permettre de faire varier leur pourcentage dans la composition du béton en réponse aux exigences de résistance qui peuvent changer et à d'autres facteurs.

4.2. MÉTHODE DE SÉLECTION

La source d'addition peut être artificielle, principalement des cendres volantes et du laitier de haut fourneau, ou naturelle comme les cendres volcaniques. Les cendres volantes sont normalement choisies si elles sont disponibles à un coût raisonnable car elles ont de bonnes propriétés pouzzolaniques et ont généralement des propriétés constantes et provenant de n'importe quelle centrale électrique pourvu que l'origine du charbon soit toujours la même. Avec l'utilisation croissante de ciment pouzzolanique dans certaines régions et certains pays, ou en raison du manque de centrales électriques au charbon, les cendres volantes sont parfois difficiles à obtenir et souvent coûteuses. Les pouzzolanes naturelles sont de plus en plus utilisées.

Ainsi, le premier choix se situe entre les cendres volantes ou le laitier de haut fourneau d'une part et la pouzzolane naturelle d'autre part. Les cendres volantes diminuent le retrait endogène et le laitier de haut fourneau peut augmenter le retrait par rapport à un béton de ciment sans addition. Le laitier de haut fourneau donne une chaleur d'hydratation plus élevée que les cendres volantes. Si les deux types de pouzzolane sont disponibles, la sélection de cendres volantes donnera normalement les meilleures performances techniques.

Si on considère la durabilité, les cendres volantes peuvent être préférées à une pouzzolane naturelle, si les deux sources sont disponibles à un coût raisonnable.

La méthode d'identification et de sélection d'une pouzzolane naturelle est présentée dans la section 4.7. Les types d'aditions minérales couramment utilisés sont illustrés à la Figure 4.1. Les autres matériaux, y compris le méta-kaolin et les cendres de résidus de culture, qui ne sont normalement pas utilisés dans les bétons de barrage, ne sont pas représentés. La fumée de silice a des applications dans le béton à haute résistance et n'est pas incluse principalement pour ses propriétés pouzzolaniques.

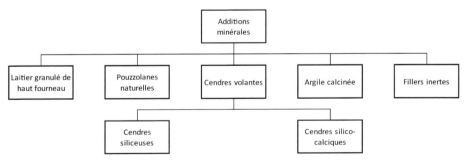

Fig 4.1
Types d'additions minérales utilisées dans les bétons de barrage

Inert fillers may be crusher dust, milled rock and minerals (e.g. limestone) or silt.

These materials may be added to the concrete at site to allow variations in the mix proportions in response to changing strength requirements and other factors.

4.2.   METHODOLOGY FOR SELECTION

The source of pozzolan may be man-made, primarily fly-ash and blast furnace slag, or natural such as volcanic ash. Fly-ash is normally chosen if it is available at a reasonable cost as it has good pozzolanic properties and is mostly consistent in properties from any one power station drawing coal from one source. With the increasing use of pozzolanic cement in some regions and countries, or due to the lack of coal fired power plants, fly-ash is sometimes difficult to obtain and often expensive. Natural pozzolans are increasingly coming into use.

Thus the primary choice is between fly-ash or blast furnace slag on the one hand and natural pozzolan on the other. Fly-ash decreases the autogenous shrinkage and blastfurnace slag may increase the shrinkage compared with a cement-only concrete. Blastfurnace slag gives higher heat of hydration than fly-ash. If both types of pozzolan are available, selection of fly-ash will normally give the better technical performance.

Including sustainability considerations, fly-ash may preferentially be selected over a natural pozzolan, if both sources are available at reasonable cost.

The method of identification and selection of a natural pozzolan is presented in Section 4.7. The types of mineral admixtures in common use are illustrated in Figure 4.1. Other materials including meta-kaolin and crop residue ash not normally used in dam concrete are not shown. Silica fume has applications in high strength concrete and is not included primarily for its pozzolanic properties.

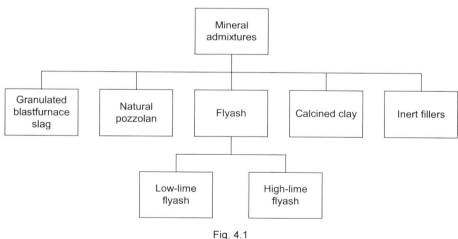

Fig. 4.1
Types of mineral admixture used in dams

L'efficacité de l'addition pouzzolanique et la quantité à utiliser dans le béton doivent être déterminées par des gâchées d'essai. Des séries d'essais distinctes devront ainsi être réalisées pour chaque combinaison de ciment et d'addition. Une gamme de différents pourcentages de ciment et d'addition sera testée et les proportions de mélange optimal en termes de résistance, de maniabilité et de coût seront sélectionnés. D'autres facteurs, tels que l'obtention d'un volume de pâte optimal, peuvent être importants. Le volume de pâte peut également être augmenté en ajoutant une charge inerte et en utilisant un entraînement d'air.

4.3.   ÉVOLUTION DES RÉSISTANCES MÉCANIQUES

Le béton fabriqué avec des proportions variables d'addition et de ciment développe sa résistance à des vitesses également variables, voir Figure 4.2. Plus il y a de pouzzolane, plus le gain de résistance est lent, mais à long terme, il y a normalement peu de différence entre un mélange avec 40 % ou moins de pouzzolane et des mélanges de ciment pur. Dans certains mélanges avec un pourcentage élevé de pouzzolane, la résistance à long terme peut même dépasser celle du ciment pur. Ceci s'applique en principe à toutes les pouzzolanes efficaces, quelle qu'en soit la source.

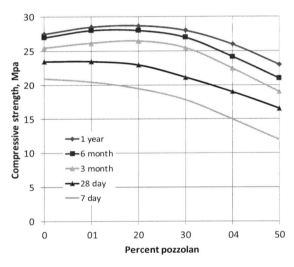

Fig 4.2
Développement caractéristique des résistances avec différents pourcentages de pouzzolanes (selon ACI 232.1 R12)

4.4.   CENDRES VOLANTES

4.4.1.   Description générale

Les cendres volantes contiennent du quartz et des silicates d'aluminium et de calcium amorphes, se présentant couramment sous forme de particules sphériques. Le Tableau A4 donne les propriétés requises selon la norme ASTM 618 et le Tableau A5 donne une comparaison des exigences pour les cendres volantes à faible teneur en chaux selon différentes normes.

The efficacy of pozzolan and the amount to use in the concrete has to be determined in tests on trial mixes. Separate test series will be required for each combination of cement and pozzolan. A range of ratios of cement to pozzolan is tested and the optimal mix proportions with respect to strength, workability and cost are selected. Other factors, such as achieving an adequate paste volume, may be important. Paste volume may also be increased by adding inert filler and using air entrainment.

4.3. STRENGTH DEVELOPMENT

Concrete made with varying proportions of pozzolan and cement develops strength at different rates, see Figure 4.2. The more pozzolan the slower the gain in strength but in the long term there is normally little difference between a mix with 40 % or less pozzolan and neat cement mixtures. In some mixes with a high percentage of pozzolan the long term strength may even exceed that for neat cement. This applies in principle to all effective pozzolans irrespective of source.

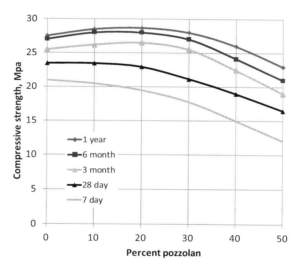

Fig. 4.2
Typical strength development of different ratios of pozzolan (based on ACI 232.1 R12)

4.4. FLY-ASH

4.4.1. General description

Fly-ash comprises quartz and amorphous aluminium and calcium silicates, commonly occurring as spherical particles. Table A4 gives required properties according to ASTM 618 and Table A5 gives a comparison of requirements for low lime fly-ash for a range of standards.

La perte au feu des cendres volantes peut être supérieure à ce que la norme exige et des valeurs de perte au feu supérieures à 12 % ont été utilisées avec succès dans certains RCC. Une perte au feu plus élevée peut augmenter la demande en eau et les dosages d'adjuvants chimiques (par exemple, les retardateurs et les adjuvants entraîneurs d'air), mais si elle est raisonnablement constante, un béton homogène et parfaitement utilisable peut être obtenu. Un indice d'activité élevé est souhaitable, mais le béton peut également être fabriqué avec des cendres volantes qui ne satisfont pas aux critères sous réserve de résultats satisfaisants obtenus avec les gâchées d'essai.

Les cendres volantes peuvent être des cendres volantes à faible teneur en chaux – cendres siliceuses (ASTM classe F) résultant de la combustion de charbon de haute qualité dans une centrale thermique ou peuvent être des cendres volantes à haute teneur en chaux-cendres silico-calciques (classe C) lorsque du charbon de faible qualité (lignite) est utilisé. Si des cendres volantes à faible teneur en chaux sont disponibles à un coût raisonnable, il faudra préférer cette option en raison de ses bonnes propriétés et de sa régularité. Des cendres volantes à haute teneur en chaux peuvent être utilisées mais nécessitent normalement un traitement pour réduire la teneur en chaux libre.

4.4.2. Choix de la provenance

Les gâchées d'essai sont normalement effectuées en deux étapes. Dans un premier temps, des gâchées d'essai sont réalisées pour chaque combinaison de ciments et de cendres volantes envisagée. Pour chaque combinaison, les gâchées sont préparées avec plusieurs ratios ciment/ cendres volantes en utilisant un granulat normalisé. Des cubes ou des cylindres sont fabriqués pour les essais de résistance à la compression. Lorsque les résistances à la compression sont disponibles, une comparaison peut être faite pour mesurer l'efficacité des différentes combinaisons de matériaux. Les origines les plus rentables sont sélectionnées. Il peut y avoir plus d'un ensemble d'origines mentionnées dans les documents d'appel d'offres pour éviter un désavantage commercial. Les essais de la deuxième étape porteront sur des mélanges d'essai utilisant les combinaisons de matériaux sélectionnés et des granulats provenant de la carrière prévue ou du gisement de matériaux alluvionnaires. Éventuellement il pourra être possible d'accepter d'autres sources d'approvisionnement à condition de réaliser les essais supplémentaires correspondants.

4.4.3. Composition chimique

La composition chimique dépend fortement du type de :

- charbon, qui régit la teneur en CaO (lignite),

- four, qui affecte la teneur en carbone et en silicate amorphe, et la finesse.

Pour l'estimation de la qualité des cendres volantes, l'essai doit être effectué selon EN ou ASTM comme indiqué dans le Tableau B3. Outre la finesse, la distribution granulométrique est intéressante pour évaluer l'efficacité des cendres volantes.

4.4.4. Chaleur d'hydratation

Comme indiqué ci-dessus, la plupart des bétons de barrage contiennent de la pouzzolane. Le Tableau 4.1 montre un exemple de l'influence de l'ajout de cendres volantes sur la chaleur d'hydratation, exprimée en élévation de température

The loss on ignition for fly-ash may be higher than the standard requires and loss on ignition values above 12% have been successfully used in some RCC. Higher loss on ignition may increase the water demand and chemical admixture dosages (e.g. retarders and air entraining admixtures), but if it is reasonably constant, a consistent and fully useable concrete may be obtained. A high activity index is desirable but concrete may be made also with fly-ash which fails to meet the criteria subject to satisfactory trial mix test results.

Fly-ash may be low lime fly-ash (ASTM Class F) produced by burning high grade coal in a thermal power station or may be high lime fly-ash (Class C) where low grade (brown) coal is used. If low lime fly-ash is available at reasonable cost, it is the preferred option due to its good properties and consistency. High lime fly-ash may be used but will normally require processing to reduce the free lime content.

4.4.2. Selection of source

Trial mixes are normally carried out in two stages. In the first stage, trial mixes are made for each combination of cements and fly-ash being considered. For each combination, mixes are prepared with a range of cement to fly-ash ratios using standard aggregate. Cubes or cylinders are made for compression testing. When the compression strengths are available, a comparison can be made of the efficacy of the different combinations of material sources. The most cost effective sources are selected. There may be more than one set of sources carried forward to the tender documents to avoid commercial disadvantage. Second stage testing will be on trial mixes using the selected material combinations and aggregate derived from the planned quarry or alluvial source. On occasion more than one source may be under consideration with a corresponding increase in the scope of testing.

4.4.3. Chemical composition

The chemical composition is highly dependent on the type of:

- coal, which governs the CaO content (hard or brown coal),

- furnace, which affects the carbon and amorphous silicate content, and fineness.

For the estimation of the quality of the fly-ash the test should be carried out according either EN or ASTM as shown in Table B3. As well as fineness, the particle size distribution is of interest in assessing the efficacy of the fly-ash.

4.4.4. Heat of hydration

As noted above, most concrete for dams includes pozzolan. Table 4.1 shows an example of the influence on heat of hydration of the addition of fly ash, expressed as temperature rise.

Table 4.1

Illustration de l'élévation de température avec des cendres volantes associées au iment

Liant	t_{max}, °C	temps, h
CEM I 32,5	24.3	20
CEM I 32,5+20% Cendres	19.1	22
CEM I 32,5+30% Cendres	18.2	23

4.5. LAITIER DE HAUT-FOURNEAU

Le laitier est un sous-produit de la production de la fonte et de l'acier. Les scories les plus courantes proviennent de la sidérurgie. Dans certaines régions, des scories provenant du traitement du cuivre sont disponibles. Le matériau de ce groupe le plus couramment utilisé dans le béton est le laitier de haut fourneau provenant de la production de la fonte brute. Le laitier fondu peut être refroidi à l'air ou rapidement trempé pour être granulé.

Concassé ou broyé en particules très fines de la taille d'un ciment, le laitier granulé de haut fourneau broyé (GGBS) a des propriétés cimentaires qui constituent un remplacement partiel du ciment ou un mélange approprié avec du ciment Portland.

Le ciment Portland ordinaire peut être remplacé par du laitier jusqu'à 80 % en masse et une utilisation allant jusqu'à 90 % a été réalisée.

La norme ASTM C 989 classe les scories en fonction de leur niveau croissant de réactivité selon des coefficients 80, 100 ou 120. La norme ASTM C 1073 couvre une détermination rapide de l'activité hydraulique du GGBS (Laitier de haut fourneau granulé et broyé).

Les propriétés typiques du laitier sont données dans le tableau A6.

La qualité du GGBS doit être testée conformément à la norme EN ou ASTM, comme indiqué dans le tableau B4.

Des rapports chimiques, c'est-à-dire les rapports entre les différents constituants actifs existent. Ils sont importants pour la caractérisation du GGBS mais pas suffisants : Al_2O_3 et les éléments mineurs pourraient jouer un rôle significatif dans le développement de la résistance mécanique.

4.6. FUMÉE DE SILICE

La fumée de silice est une addition ultrafine composée principalement de silice amorphe produite par des fours à arc électrique. Elle est un sous-produit de la production de silicium ou d'alliages de ferro-silicium. Elle est disponible sous forme de poudre ou en suspension dans l'eau. En poudre et en fonction de sa densité apparente, elle a tendance à s'agglomérer.

La fumée de silice est utilisée pour produire du béton ou du mortier à haute performance possédant une résistance, une imperméabilité et une durabilité accrues. Elle peut être utilisée pour conférer au béton une meilleure résistance à l'abrasion, une très faible perméabilité et une meilleure résistance au gel. Le béton de fumée de silice a des caractéristiques de retrait différentes de celles d'un béton ordinaire ou aux cendres volantes. Des procédures de cure améliorées doivent être appliquées. La fumée de silice n'est normalement pas utilisée dans le béton de masse pour les barrages en raison de son coût, d'une perte d'affaissement rapide et d'un retrait de dessiccation peu de temps après la mise en place.

Le dosage maximum en fumée de silice est limité à 11 % du ciment (EN 206-1). Les exigences normatives pour la fumée de silice sont indiquées dans le Tableau A7.

Pour vérifier la qualité de la fumée de silice, l'essai doit être effectué selon EN ou ASTM comme indiqué dans le Tableau B5. La fumée de silice doit être conforme à la norme ASTM 1240 ou EN 13263-1.

Table 4.1
Illustration of temperature rise with fly-ash blended with cement

Cementitious material	t_{max}, °C	time, h
CEM I 32,5	24.3	20
CEM I 32,5 + 20% PFA	19.1	22
CEM I 32,5 + 30% PFA	18.2	23

4.5. BLASTFURNACE SLAG

Slag is a by-product of metal production and refining. The most common slag comes from iron and steel making. In some areas slag from copper processing is available. The most common material of this group used in concrete is blastfurnace slag from pig iron production. Molten slag can be air-cooled or rapidly quenched to be granulated.

Crushed, milled or ground to very fine cement-sized particles, ground granulated blastfurnace slag (GGBS) has cementitious properties, which make a suitable partial replacement for or admixture to Portland cement.

Ordinary Portland Cement can be replaced by up to 80% slag by mass and the use of up to 90% has been reported.

ASTM C 989 classifies slag by its increasing level of reactivity as Grade 80, 100, or 120. ASTM C 1073 covers a rapid determination of hydraulic activity of GGBS.

Typical properties of slag are given in Table A6.

The quality of GGBS should be tested in accordance with EN or ASTM as shown in Table B4.

The chemical ratios, the ratios between the various active constituents, are important for the GGBS suitability but not sufficient: Al_2O_3 and minor elements could play a significant role in strength development.

4.6. SILICA FUME

Silica fume is an ultrafine addition composed mostly of amorphous silica made by electric arc furnaces as a by-product of the production of silicon or ferrosilicon alloys. It is available as powder or in slurry form and has a tendency to agglomerate.

Silica fume is used to produce high performance concrete or mortar possessing increased strength, impermeability and durability. It may be used to give concrete improved abrasion resistance, where a very low permeability is required and to improved frost resistance. Silica fume concrete has different shrinkage characteristics compared with plain or fly-ash concrete and enhanced curing procedures should be applied. Silica fume is not normally used in mass concrete for dams due to cost factors, rapid slump loss and drying shrinkage shortly after placing.

The maximum dosage of silica fume is limited to 11% of the cement (EN 206-1). Standard requirements for silica fume are shown in Table A7.

For the estimation of the quality of the silica fume the test should be carried out according either EN or ASTM as shown in Table B5. Silica fume should conform to ASTM 1240 or EN 13263-1.

4.7. POUZZOLANES NATURELLES

4.7.1. Description générale

Dans de nombreuses régions, les cendres volantes ou les scories ne sont pas disponibles à une distance raisonnable ou leur coût peut être très élevé en raison d'une pénurie d'approvisionnement. Avec l'utilisation désormais intensive de ciment avec des additions pouzzolaniques et de laitier dans l'industrie de la construction, une grande partie des cendres volantes et des scories produites est ainsi consommée. Les pouzzolanes naturelles sont dans de nombreux cas une alternative viable.

Les cendres volcaniques sont souvent une bonne alternative aux cendres volantes là où elles peuvent être trouvées. D'autres matériaux peuvent montrer une activité pouzzolanique. Des sources aussi diverses que le verre volcanique, la pierre ponce, les scories, les sédiments lacustres, la terre de diatomées, les alluvions et le limon glaciaire ont été utilisées ou testées pour leur utilisation. Dans d'autres cas, il a été signalé que les fines de basalte broyé présentaient une certaine activité pouzzolanique, tandis que dans d'autres cas, le basalte broyé s'est avéré complètement inerte. L'argile calcinée, activée par traitement thermique à des températures de 500 à 800°C, peut avoir de bonnes propriétés pouzzolaniques.

Ces matériaux sont traités par concassage, broyage, séparation granulométrique et homogénéisation. La construction d'une usine de traitement spécifique au projet ne peut être viable que pour les très grands barrages.

4.7.2. Identification des sources

Une vaste zone autour du site doit être sondée pour détecter les sources potentielles. Cela pourrait s'étendre jusqu'à 1000 km ou plus du barrage. La recherche doit inclure la participation prioritaire de géologues. Lors de l'enquête initiale, un échantillon de quelques kilos doit être prélevé sur chaque source. Parmi ceux-ci, une sélection sera faite en fonction de leur probabilité relative d'être pouzzolaniques, des coûts de traitement et des coûts de transport. Ces matériaux sélectionnés seront ensuite soumis à une série de tests préliminaires pour vérifier l'activité pouzzolanique. Les normes d'essai pour la pouzzolane naturelle sont données dans le Tableau B6.

L'évaluation préliminaire, la détection des sources potentielles de pouzzolane doit être basée sur plusieurs tests :

Composition chimique : EN 196-2 ou ASTM C 114

Ces tests produiront une gamme de données d'essais chimiques où la teneur en oxydes de calcium, de silicium et d'aluminium présente un intérêt particulier. Les pourcentages de ces composants ne peuvent donner qu'une indication approximative de l'activité pouzzolanique probable. La Figure 4.3 montre un diagramme ternaire où les pourcentages de ces trois oxydes peuvent être tracés. La zone contenant les ratios pour les pouzzolanes naturelles est indiquée. Le critère d'acceptation ASTM C618 pour la pouzzolane naturelle (Classe N) est $SiO_2 + Al_2O_3 + Fe_2O_3 \geq 70$ %, voir Tableau A4.

Indice d'activité : EN 196-5 ou ASTM C 311

L'indice d'activité est le rapport de résistance entre des cubes de mortier où 20% du ciment est remplacé par de la pouzzolane et des cubes de ciment pur. Un indice élevé indique une possible activité pouzzolanique. Le critère d'acceptation normalisé est de 70 %. Le test en lui-même n'est pas fiable. Une meilleure indication de l'activité pouzzolanique est l'indice d'activité mesuré en fonction des résistances des cubes de mortier utilisant de la chaux au lieu du ciment Portland.

Résidu insoluble (RI) : EN 196-2 ou ASTM C114

Le RI est mesuré selon la méthode I de la norme EN 196-2. Si le RI est inférieur à 85, le RI est à nouveau évalué par la méthode II.

4.7.   NATURAL POZZOLAN

4.7.1. General description

In many regions fly-ash or slag is not available within a reasonable distance or the cost may be very high due to shortage of supply. With the now extensive use of pozzolanic and slag cement in the construction industry, much of the fly-ash and slag produced is so consumed. Natural pozzolans are in many cases a viable alternative.

Volcanic ash is often a good alternative to fly-ash where it can be found. Other materials can show pozzolanic activity. Such diverse sources as volcanic glass, pumice, scoria, lacustrine sediments, diatomaceous earth, alluvium and glacial till have been used or tested for use. In other cases it has been reported that fines from crushed basalts showed some pozzolanic activity, whereas in other cases milled basalt proved completely inert. Calcined clay, activated by thermal treatment at temperatures of 500 to 800°C, can have good pozzolanic properties.

These materials are processed by crushing, milling, size separation and homogenization. Construction of a project specific processing plant may be viable only for very large dams.

4.7.2. Identification of sources

A wide area around the site should be surveyed for potential sources. This might extend up to 1000 km or more from the dam. The search should include the leading involvement of geologists. In the initial survey a sample of a few kilos should be collected from each source. From these a selection will be made based on their relative likelihood of being pozzolanic, processing costs and transport costs. These selected materials will then be subject to a series of preliminary tests for pozzolanic activity. Testing standards for natural pozzolan are given in Table B6.

Preliminary evaluation, screening, of potential sources of pozzolan should be based on several tests:

Chemical composition: EN 196-2 or ASTM C 114

These tests will produce a range of chemical test data where the content of oxides of calcium, silicon and aluminium are of special interest. The ratios of these components can only give a rough indication of likely pozzolanic activity. Figure 4.3 shows a tripartite diagram where the ratios of these three oxides can be plotted. The zone containing ratios for natural pozzolans is shown. The ASTM C618 acceptance criterion for natural pozzolan (Class N) is $SiO_2 + Al_2O_3 + Fe_2O_3 \geq 70\%$, see Table A4.

Activity index: EN 196-5 or ASTM C 311

The activity index is the ratio of strength between mortar cubes made with 20% of cement replaced by pozzolan and cubes with neat cement. A high index indicates possible pozzolanic activity. The standard acceptance criterion is 70%. The test on its own is not reliable. A better indication of pozzolanic activity is the strength activity index of mortar cubes using lime instead of Portland cement.

Insoluble reside: EN 196-2 or ASTM C114

The IR is measured according to method I of EN 196-2. If the IR is less than 85, the IR is evaluated again by method II.

Teneur en ions hydroxyle et calcium : EN 196-5, le test Fratini

Dans cet essai, les deux paramètres clés sont indiqués sur un diagramme normalisé, voir Figure 4.4 Résultats de l'essai Fratini (EN 196-5) à 8 et 30 jours à 40°C. Le schéma comporte une zone supérieure où les matériaux ne sont pas pouzzolaniques et une zone inférieure où ils sont classés pouzzolaniques. Les résultats évoluent avec le temps et les résultats à 30 jours doivent être utilisés pour la séquence concernée.

Analyse minéralogique

Les minéraux présents dans un échantillon, y compris la silice amorphe et le quartz tendu, peuvent être déterminés à l'aide d'un microscope pétrographique polarisant. La diffraction des rayons X est une procédure auxiliaire utile, mais elle ne peut pas détecter directement un matériau réactif non cristallin (amorphe). Les deux méthodes sont semi-quantitatives et l'une ou l'autre méthode peut être utilisée pour donner une indication de l'activité pouzzolanique probable.

Les résultats de ces tests sont tous indicatifs et ne donnent pas une réponse définitive quant à savoir si un matériau est suffisamment pouzzolanique. Tous les résultats recueillis doivent être évalués et un jugement doit être porté sur les matériaux les plus susceptibles d'être pouzzolaniques et donc de justifier une enquête plus approfondie. Il convient de se référer aux exigences normales, par ex. Tableau A4. Les résultats doivent être utilisés pour classer les matériaux par ordre d'activité pouzzolanique probable. Cette liste, en conjonction avec des données sur les coûts probables de traitement et de transport, devrait être utilisée comme base pour sélectionner les matériaux pour des tests ultérieurs. En faisant une telle liste, il est prudent d'inclure au moins un matériau qui est très prometteur comme assurance, même si son coût sur site peut être plus élevé que le reste.

Comme pour les cendres volantes, une enquête plus approfondie devrait consister en une série d'essais de mélanges utilisant des liants avec différents pourcentages de pouzzolanes et des granulats normalisés. Cela donnera une mesure réaliste de l'efficacité de la pouzzolane et donc de la quantité qui peut être nécessaire dans le béton du barrage. À un stade ultérieur, il sera nécessaire d'affiner les essais en utilisant des granulats dérivés de la roche extraite de la carrière prévue pour faire les granulats des bétons.

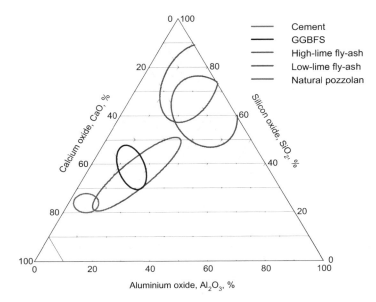

Fig 4.3
Répartition des compositions des matériaux cimentaires

Hydroxyl and calcium ion content: EN 196-5, the Fratini test

In this test the two key parameters are plotted on a standard diagram see Figure 4.4. Results of Fratini test (EN 196-5) at 8 and 30 days at 40°C. The diagram has an upper zone where materials are not pozzolanic and a lower pozzolanic zone. The results change with time and the 30 day results should be used on the plot.

Mineralogical analysis

The minerals present in a sample, including amorphous silica and strained quartz, can be determined using a polarizing petrographic microscope. X-ray diffraction is a useful ancillary procedure, but cannot directly detect non-crystalline (amorphous) reactive material. Both methods are semi-quantitative and either method can be used to give an indication of likely pozzolanic activity.

The results of these tests are all indicative and do not give a final answer as to whether a material is adequately pozzolanic. All the collected results need to be evaluated and a judgement made on which materials are most likely to be pozzolanic and thus warrant further detailed investigation. Reference should be made to normal requirements, e.g. Table A4. The results should be used to rank the materials in sequence of likely pozzolanic activity. This list, in conjunction with data on likely processing and transport costs, should be used as a basis for selecting materials for further testing. In making such a list, it is prudent to include at least one material which is very promising as insurance, even if its cost at site may be higher than the rest.

As for fly-ash, further investigation should consist of a series of trial mixes using varying ratios of cement to pozzolan and standard aggregate. This will yield a realistic measure of pozzolan effectiveness and thus how much may be required in the dam concrete. At a later stage it will be necessary to refine the testing by using aggregate derived from rock extracted from the intended production quarry.

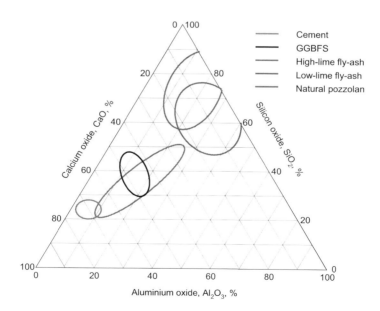

Fig. 4.3
Ranges of compositions of cementitious materials

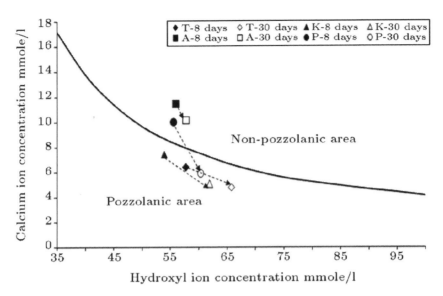

Fig 4.4
Résultats de l'essai Fratini (EN 196-5) à 8 et 30 jours à 40°C. (T. Parhizkar, et al 2010)

4.8. ARGILE CALCINÉE: MÉTAKAOLIN, SCHISTES CALCINÉS

Les argiles calcinées sont utilisées dans la construction en béton à usage général de la même manière que les autres pouzzolanes. Elles peuvent être utilisés en remplacement partiel du ciment, généralement dans la plage de 15% à 35%, et pour améliorer la résistance à l'attaque externe des sulfates, contrôler la réactivité alcali-silice et réduire la perméabilité. Les argiles calcinées ont une densité relative comprise entre 2,40 et 2,61 avec une finesse Blaine allant de 650 m^2/kg à 1350 m^2/kg. Les schistes calcinés peuvent contenir de l'ordre de 5% à 10% de calcium, ce qui donne au matériau des propriétés cimentaires ou hydrauliques par lui-même. En raison de la quantité de calcite résiduelle qui n'est pas entièrement calciné et des molécules d'eau liées dans les minéraux argileux, les schistes calcinés auront une perte au feu (PaF) d'environ 1 % à 5 %. La valeur PaF pour le schiste calciné n'est pas une mesure ou une indication de la teneur en carbone comme ce serait le cas pour les cendres volantes.

Le métakaolin est un ajout ultrafin produit par calcination à basse température de kaolin de grande pureté. Le produit est broyé à une granulométrie moyenne d'environ 1 à 2 micromètres. Le métakaolin est utilisé dans des applications spéciales où une très faible perméabilité ou une très haute résistance est requise. Dans ces applications, le métakaolin est davantage utilisé comme une addition au béton que comme substitut du ciment ; les ajouts typiques sont d'environ 10% de la masse de ciment.

L'estimation de la qualité du matériau doit être réalisée selon la norme française NF P 18-513 comme indiqué dans le Tableau B7 : Normes d'essai pour la pouzzolane calcinée. Ce test donne la quantité de chaux consommée par la pouzzolane. Cette quantité et la teneur en SiO2 + Al2 03 sont les paramètres les plus importants pour définir la qualité du matériau.

Le métakaolin peut augmenter la demande en eau du béton et peut accélérer l'hydratation du ciment, accélérant ainsi le développement de la résistance. Le métakaolin peut être bénéfique dans les systèmes ternaires en conjonction avec les cendres volantes ou le GGBS. Bien qu'il améliore potentiellement la durabilité du béton, le métakaolin peut ne pas convenir au béton de masse en raison d'une chaleur d'hydratation plus élevée, d'efforts accrus de contrôle de la température et donc d'un coût unitaire plus élevé du béton.

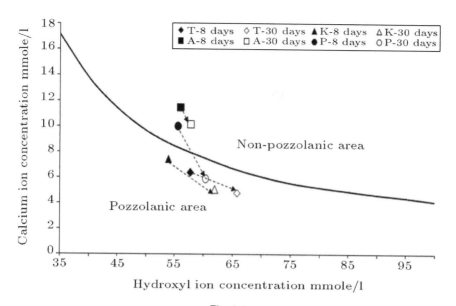

Fig. 4.4
Results of Fratini test (EN 196-5) at 8 and 30 days at 40°C. (From T. Parhizkar, et al 2010)

4.8.   CALCINED CLAY: META-KAOLIN

Calcined clays are used in general purpose concrete construction much the same as other pozzolans. They can be used as a partial replacement for the cement, typically in the range of 15% to 35%, and to enhance resistance to sulphate attack, control alkali-silica reactivity, and reduce permeability. Calcined clays have a relative density of between 2.40 and 2.61 with Blaine fineness ranging from 650 m^2/kg to 1350 m^2/kg. Calcined shale may contain on the order of 5% to 10% calcium, which results in the material having some cementing or hydraulic properties on its own. Because of the amount of residual calcite that is not fully calcined, and the bound water molecules in the clay minerals, calcined shale will have a loss on ignition (LOI) of perhaps 1% to 5%. The LOI value for calcined shale is not a measure or indication of carbon content as would be the case in fly ash.

Meta-kaolin is an ultrafine addition produced by low temperature calcination of high purity kaolin clay. The product is ground to an average particle size of about 1 to 2 micrometres. Meta-kaolin is used in special applications where very low permeability or very high strength is required. In these applications, meta-kaolin is used more as an additive to the concrete rather than a replacement of cement; typical additions are around 10% of the cement mass.

The estimation of the quality of the material should be carried out according to French standard NF P 18-513 as shown in Table B7: Testing standards for calcined pozzolan. This test gives the amount of lime consumed by the pozzolan. This quantity and the $SiO_2 + Al_2O_3$ content, are the most important parameters in defining material quality.

Meta-kaolin may increase water demand in the concrete mix and may accelerate cement hydration, speeding up strength development. Meta-kaolin may be beneficial in ternary systems in conjunction with fly-ash or GGBS. Although potentially improving concrete durability, meta-kaolin may not be suitable in mass concrete due to a higher hydration heat, increased temperature control efforts, and therefore higher unit cost of the concrete.

4.9.   CENDRES PROVENANT DE LA COMBUSTION DES RÉSIDUS DE CÉRÉALES

La cendre de balle de riz (RHA) contient 85 % à 90 % de silice amorphe. Les propriétés physiques, telles que l'angularité, la surface et la porosité sont similaires à celles du ciment Portland. Le type de RHA adapté à l'activité pouzzolanique est amorphe plutôt que cristallin.

La cendre est broyée très finement (<35 microns) et est commercialisée comme substitut de la fumée de silice. Pour garantir une norme constante, elle nécessite des cendres provenant d'un environnement de combustion contrôlé. Cependant, la production a tendance à être dispersée avec de nombreuses petites usines produisant 10 000 tonnes par an ou moins. Il existe cependant des usines beaucoup plus grandes dans certains pays qui produisent plus de 100 000 tonnes par an.

De nombreux autres résidus de culture ont été étudiés et pourraient convenir, sous réserve d'une évaluation complète.

4.10.   FILLERS INERTES

Des fillers inertes peuvent être utilisées pour augmenter la teneur en pâte du béton. Ils peuvent être la fraction fine (<75 microns) du sable concassé ou peuvent être ajoutés en tant que constituant séparé. Les fillers inertes peuvent être utilisées avec du ciment seul ou avec des pouzzolanes. De tels matériaux augmentent généralement la demande en eau pour une maniabilité donnée, ce qui peut être indésirable dans le béton conventionnel mais n'affecte pas le RCC dans une mesure significative. Le filler inerte peut constituer jusqu'à 15 % du granulat fin (sable).

4.9. ASH FROM COMBUSTION OF CROP RESIDUES

Rice husk ash (RHA) contains 85 % to 90 % amorphous silica. The physical properties, such as angularity, surface area, and porosity are similar to Portland cement. The type of RHA suitable for pozzolanic activity is amorphous rather than crystalline.

The ash is milled very fine (<35 micron) and is marketed as a substitute for silica fume, To ensure a consistent standard, it requires ash from a controlled combustion environment. However, production tends to be dispersed with many small mills producing 10,000 tonnes per year or less. There are, however, much larger mills in some countries producing more than 100,000 tonnes per year.

Many other crop residues have been investigated and might be suitable, subject to full evaluation.

4.10. INERT FILLERS

Inert fillers can be used to increase the paste content of concrete. They may be the fines fraction (<75 micron) of the crushed sand or may be added as a separate constituent. Inert fillers may be used with cement alone or with pozzolans. Such materials typically increase the water demand for a given workability which may be undesirable in CVC but does not affect RCC to a significant extent. Inert filler might constitute up to 15% of the fine aggregate (sand).

5.   ADJUVANTS CHIMIQUES

5.1.   INTRODUCTION

Des adjuvants chimiques peuvent être utilisés pour améliorer les propriétés du béton frais et du béton durci.

Les agents les plus couramment utilisés sont :

- Réducteurs d'eau (plastifiants) pour améliorer l'ouvrabilité pour une teneur en eau donnée

- Retardateurs de prise pour permettre à une nouvelle couche de béton successives d'être posée sur du béton frais, utilisation possible pour les RCC et les bétons coffrés

- Entraîneurs d'air pour améliorer la résistance au gel, augmenter le volume de pâte et améliorer la maniabilité

Les accélérateurs qui donnent une prise précoce et une résistance initiale élevée ne sont pas utilisés dans le béton de masse et ne sont pas courants dans les autres bétons pour barrages.

Des adjuvants pour améliorer la pompabilité peuvent être utilisés pour certaines applications.

La norme européenne EN 934-2 classe les adjuvants selon leur effet. Les normes ASTM traitent des adjuvants, C 260 pour l'entraînement d'air et C494 pour les adjuvants réducteurs d'eau et contrôlant la prise.

La plupart des adjuvants ont des effets autres que leur objectif principal. Les retardateurs de prise ont un effet réducteur d'eau et les réducteurs d'eau affectent le temps de prise. Les fournisseurs de ces produits chimiques peuvent proposer des agents aux effets combinés autres que ceux présents par inadvertance. Les entraîneurs d'air interagissent généralement faiblement avec les autres adjuvants.

Les réducteurs d'eau et les retardateurs de prise, et dans une moindre mesure les entraîneurs d'air, réduisent les problèmes de ségrégation car ils permettent la production de bétons plus cohésifs.

Les adjuvants chimiques fournis par différents fournisseurs peuvent avoir des effets différents selon les matériaux cimentaires et les granulats. Certains fonctionnent bien pour des doses faibles et modérées mais peuvent donner des résultats imprévisibles si le dosage est augmenté. Les changements dans le dosage des produits chimiques sélectionnés devraient donner des changements prévisibles et cohérents dans les propriétés du béton.

Les effets obtenus sont souvent sensibles aux changements de température et de teneur en eau du béton. D'autres facteurs qui affectent les résultats sont des éléments contrôlables tels que la constance du temps de mélange et la méthode et le séquençage d'introduction des adjuvants dans le malaxeur. La précision du dosage est déterminante et la centrale à béton doit être conçue pour cela.

Des agents expansifs ont été utilisés pour compenser le retrait thermique et autre retrait. L'expérience d'une telle utilisation est limitée, elle peut être qualifiée d'expérimentale, et difficile à mettre en œuvre, mais elle a été employée en Chine. Les conséquences d'une expansion excessive peuvent être graves. Jusqu'à ce que la science et la pratique de l'utilisation des agents expansifs dans le béton des barrages soient plus développées, ils ne doivent être utilisés qu'exceptionnellement et avec une grande prudence. Pour des applications particulières, telles que la mise en œuvre sous des éléments difficiles d'accès, des agents d'expansion peuvent être envisagés.

5.   CHEMICAL ADMIXTURES

5.1.   INTRODUCTION

Chemical admixtures may be used to improve the properties of fresh and hardened concrete.

The most common agents used are:

- Water reducers (plasticisers) to improve workability for a given water content

- Set retarders to give more time for successive concrete lifts to be placed on fresh concrete and delayed set for some slip-formed concrete

- Air entraining admixtures to improve frost resistance, increase paste volume and improve workability

Accelerators that give early set and high early strength are not used in mass concrete and are not common in other concrete for dams.

Admixtures to improve pumpability may be used for some applications.

European Standard EN 934-2 categorises admixtures according to their effect. Other standards dealing with admixtures are ASTM C 260 for air-entrainment and C494 for water-reducing and set-controlling admixtures.

Most admixtures have effects other than their primary objective. Set retarders have some water reducing effect and water reducers affect setting time. Suppliers of these chemicals can offer agents with combined effects beyond those inadvertently present. Air entrainers typically interact weakly with other agents.

Water reducers and set retarders, and to lesser extent air entrainers, reduce segregation problems as the concrete mixes tend to be more cohesive.

Chemical admixtures provided by different suppliers can have different effects depending on the cementitious materials and the aggregate. Some work well for low and moderate dosages but give unpredictable results if these are increased. Changes in the dosage of selected chemicals should give predictable and consistent changes in concrete properties.

The effects achieved are often sensitive to changes in temperature and water content of the mix. Other factors which affect the results are controllable items such as consistency of mixing time and the method and sequence of adding the chemicals. Accuracy of dosing is most important and the batching plant must be set up for this.

Expansion agents have been used to compensate for thermal and other shrinkage. Experience of such use is limited, can be characterised as experimental, is difficult but has been employed in China. The consequences of excessive expansion can be severe. Until the science and practice of use of expansion agents in dam concrete has been further developed, they should be used exceptionally and with great caution. For particular applications, such as limited placements under imbedded items, expansion agents might be considered.

5.2. NORMES APPLICABLES – ESSAIS À RÉALISER

Les adjuvants chimiques doivent être conformes aux exigences des normes reconnues telles que EN ou ASTM. Les normes d'essai applicables aux adjuvants chimiques sont énumérées au chapitre 6, Références, et leur application est indiquée dans les Tableaux B8 à B12.

Si l'adjuvant est certifié selon EN 934-2, les caractéristiques suivantes doivent être testées : homogénéité et couleur (visuel), composant efficace (spectre IR), densité, teneur en matière sèche, valeur pH, teneur en chlore total et en chlore soluble dans l'eau et teneur en alcali.

La prudence recommande des faire occasionnellement des tests chimiques indépendants.

Le fabricant effectuera une série d'essais de routine pour vérifier la conformité aux normes et aux spécifications du produit. Généralement, le fabricant aura également effectué des essais avec ses adjuvants sur du béton standard. Il devrait également fournir des exemples ainsi que des références d'utilisation. Sur demande, les fabricants sont généralement prêts à effectuer des tests supplémentaires pour des applications particulières et à fournir des conseils sur le séquençage et le dosage de ses adjuvants, l'effet d'un surdosage, l'influence de la température, les effets secondaires, la compatibilité avec d'autres adjuvants, etc. Ces informations peuvent être prises en compte comme des conseils pour une première orientation, mais tous les matériaux à utiliser doivent être testés indépendamment pour chaque projet spécifique.

5.3. PROCÉDURE DE SÉLECTION

La première partie du programme de mélange d'essai montrera si des réducteurs d'eau sont nécessaires pour obtenir une maniabilité adéquate du béton. La méthode de construction permettra de dire si le béton doit bénéficier d'un temps de prise retardé. L'exigence d'un béton résistant au gel dictera l'utilisation d'entraîneurs d'air, mais leur utilisation pourra également être nécessaire si la teneur en pâte doit être augmentée pour remplir les vides dans les granulats fins et améliorer la maniabilité. L'utilisation des entraîneurs d'air améliore la maniabilité des bétons, c'est une conséquence mais ce n'est normalement pas la principale raison de leur usage.

Les exigences suivantes sont normalement à respecter:

1. Réduction d'eau/maniabilité accrue uniquement

2. Retard de prise uniquement

3. Réduction d'eau et retard de prise

4. Entraînement d'air uniquement ou associé à l'un des éléments ci-dessus

Des gâchées d'essai doivent être faites avec différents types ou marques d'adjuvants pour vérifier quels matériaux et à quels dosages donnent l'effet désiré. Chaque formulation de béton doit être testée.

Certains praticiens font des essais sur mortier pour tester les adjuvants avant la réalisation d'essais sur béton. Les tests de mortier sont plus rapides et moins chers que les essais sur béton, mais il peut y avoir une mauvaise correspondance entre les tests sur mortier et béton et leur interprétation doit être soigneusement effectuée.

Les retardateurs de prise affectent la maniabilité et, lorsqu'ils sont utilisés, ils doivent être introduits selon les dosages prévus dans les mélanges d'essai utilisés et ainsi font partie intégrante de la composition du béton.

5.2.   APPLICABLE STANDARDS AND TESTS

Chemical admixtures should conform to the requirements of well-recognised standards such as EN or ASTM. The test standards applicable to chemical admixtures are listed in Chapter 6, References, and their applicability is indicated in Table B8 to Table B12.

If the admixture is certified to EN 934-2, the following properties should be tested; homogeneity and colour (visual), effective component (IR-spectra), density, dry material content, pH-value, total chlorine and water-soluble chlorine contents and alkali content.

Occasional independent chemical testing of products may be prudent.

The manufacturer will perform a series of routine tests to ensure conformity to standards and product specifications. Typically the manufacturer will also have carried out tests of the admixtures on standard concrete. He should also provide case histories and references for its use. Upon request, manufacturers are commonly prepared to make further tests for particular applications and give advice on time and sequence of batching, effect of over-dosage, influence of temperature, side effects, compatibility with other admixtures etc. Such information may be accepted for initial guidance, but all materials to be used have to be tested independently for each specific project.

5.3.   THE SELECTION PROCESS

The first part of the trial mix programme will show if water reducers are required to achieve adequate workability of the design mixes. The method of construction will indicate if the concrete needs to be given a retarded setting time. A requirement for frost resistant concrete will dictate the use of air entrainers, but their use might also arise from a need to increase the paste content to fill the voids in the fine aggregate and to improve workability. Although air entrainment improves workability, this is a consequence of their use and normally not the primary reason for inclusion.

We have the following requirements:

1.   Only water reduction/increased workability

2.   Only set retardation

3.   Water reduction and set retardation

4.   Air entrainment on its own, or with any of the above

Trial mixes have to be made with various types or brands of admixture to establish which materials and dosages give the desired effect. Each concrete mix design has to be tested.

Some practitioners use mortar cubes for testing admixtures prior to construction and trial mixes thereafter. Mortar tests are quicker and cheaper to use than concrete mixes but there may be poor correspondence between tests on mortar and concrete and the tests are best be avoided.

Set retarders affect workability and where used they should be incorporated at the intended dosages in the trial mixes used to define the concrete mix proportions.

L'action des adjuvants de toutes sortes est sensible à la température et les mélanges d'essai doivent être faits à des températures que l'on rencontrera sur le site pendant le malaxage du béton et sa mise en place. Cela pourrait la nécessité de réduire la température des mélanges d'essai en utilisant de la glace ou de l'eau réfrigérée.

Si l'entraînement d'air est nécessaire, le type et la quantité d'adjuvant requis pour donner le volume d'air demandé doivent d'abord être fixés.

Le texte suivant s'applique que l'entraînement d'air soit inclus ou non dans le mélange.

Pour obtenir une réduction d'eau ou un effet retardateur, les mélanges d'essai sont faits avec des types et des marques d'adjuvants appropriés pour trouver le produit qui donne l'effet désiré de manière économique et fiable. Avec une exigence simultanée de réduction d'eau et de retard de prise, des mélanges séparés peuvent être utilisés ou un agent combinant les deux produits, prêt à l'emploi, peut être employé. Lorsque des adjuvants séparés sont utilisés, l'agent d'ajustement du facteur dominant est testé en premier. L'assemblage des propriétés pourrait donner un effet secondaire qui peut être adéquat ou ne pas convenir. S'il n'est pas adéquat, le deuxième agent doit être testé en combinaison avec le premier. La série d'essais nécessaires pour établir le dosage correct de chaque produit chimique peut être importante. Le retardateur de prise et le réducteur d'eau doivent provenir du même fabricant, qui devra fournir une garantie de leur compatibilité, étayée par des résultats d'essais et des études de cas.

Alors que les fabricants peuvent être en mesure de fournir des agents combinés adaptés à la combinaison spécifique d'exigences de retardateur et de réducteur d'eau, avec l'évolution des conditions sur site, la combinaison de ces exigences peut changer et l'agent combiné peut ne pas fonctionner comme prévu. Pour certaines applications, cela peut ne pas être critique. Un exemple pourrait s'appliquer à un béton de masse où l'ouvrabilité peut être la principale exigence et où le temps de prise peut ne pas être critique : le dosage de l'adjuvant serait dicté par l'ouvrabilité requise.

L'adjuvant, ou la combinaison d'adjuvants, qui donne de manière fiable les effets désirés doit être sélectionné sur la base du coût du mètre cube de béton traité

Les essais et procédures ci-dessus doivent être conduits avant l'appel d'offres pour les travaux. Bien que des mélanges chimiques et des dosages appropriés aient pu être établis, les spécifications seront généralement axées sur les performances. Les résultats des essais réalisés avant l'appel d'offres doivent être fournis aux soumissionnaires. Les soumissionnaires peuvent souhaiter rechercher d'autres agents pour des raisons commerciales ou autres. L'entrepreneur, une fois nommé, sera tenu de répéter les essais sur les bétons qui conduiront à la composition définitive des bétons (qu'il s'agisse des compositions de l'ingénieur ou de l'entrepreneur ou du fournisseur des adjuvants retenus) en utilisant les mêmes matériaux que ceux qui seront utilisés pendant les travaux, d'abord sur des mélanges de laboratoire et ensuite en utilisant la centrale à béton du chantier. Un changement d'usine de production et des ajustements portant les types d'adjuvants et leur dosage peuvent en résulter.

5.4. RÉDUCTEURS D'EAU ET PLASTIFIANTS

Les adjuvants réducteurs d'eau (WRA) permettent de réduire la teneur en eau et donc les teneurs en ciment et pouzzolane pour une maniabilité donnée, d'améliorer l'ouvrabilité pour une teneur en eau donnée et de contrôler le temps de prise.

L'économie de ciment et d'addition pouzzolanique conférée par l'utilisation de ces agents peut être considérable. Le rapport eau/ciment est dicté principalement par des exigences de résistance ou de durabilité et il doit y avoir suffisamment de pâte pour donner une maniabilité adéquate. Les réducteurs d'eau sont conçus pour réduire le volume de pâte nécessaire à une maniabilité acceptable. Dans le RCC, le volume de pâte est souvent réglé au minimum requis pour obtenir la séparation des particules d'agrégats. Les réducteurs d'eau augmenteront la maniabilité si la fabrication du mélange d'essai RCC montre que cela est nécessaire.

The action of admixtures of all kinds is temperature sensitive and the trial mixes should be made at temperatures which will occur at site during mixing and placing. This may mean a reduction of temperature of the trial mixes by using ice or chilled water.

If air entrainment is to be used, the type and amount of admixture required to give the necessary air volume is established first.

The following text applies whether air entrainment is included in the mix or not.

For either water reduction or retardation, the trial mixes are made with suitable types and brands of admixture to find the product which gives the desired effect economically and reliably. With a requirement for both water reduction and set retardation, separate admixtures may be used or a readymade combined agent may be employed. Where separate admixtures are used, the agent for adjustment of the dominant factor is tested first. The linkage of properties will give some of the subsidiary effect which may or may not be adequate. If not adequate, the second agent has to be tested in combination with the first. The test series needed to establish the correct dosage of each chemical may be extensive. The set retarder and water reducer in any one mix should be from the same manufacturer, who will be required to provide a guarantee of their compatibility, supported by test results and case histories.

Whereas manufacturers may be able to supply combined agents suited to the specific combination of retarding and water reducing requirements, with changing conditions on site the combination of these requirements may change and the combined agent may not work as required. For some applications this may not be critical. An example could be mass concrete where workability may be the prime requirement and where setting time may not be critical: the dosage of admixture would be dictated by the required workability.

The admixture, or combination of admixtures, which reliably gives the required effects should be selected on the basis of unit cost of the treated concrete

The above tests and procedures should be followed prior to tender for the work. Although suitable chemical admixtures and dosages may have been established, the specifications will typically be performance oriented. The pre-tender test data should be provided to the tenderers. The tenderers may wish to pursue other agents for commercial or other reasons. The contractor, when appointed, will be required to repeat tests on the concrete design mixes (be they the Engineer's or Contractor's mix designs or preferred admixtures) using the same materials as will be used in the works, initially on laboratory mixes but finally using the production batch plant and mixers. Change of manufacture and adjustments to the admixture types and dosages may result.

5.4. WATER REDUCERS AND PLASTICISERS

Water reducing admixtures (WRA) are used to reduce the water content and thus cement and pozzolan contents for a given workability; to improve workability for given water content; and to control setting time.

The savings in cement and pozzolan conferred by the use of these agents can be considerable. The water/cementitious ratio is given primarily by strength or durability requirements and there has to be sufficient paste to give adequate workability. Water reducers are designed to reduce the paste volume required for an acceptable workability. In RCC the paste volume is often set to the minimum required to achieve separation of the aggregate particles. Water reducers will increase the workability if RCC trial mix manufacture shows that this is necessary.

Les réductions de teneur en eau (et donc de teneur en pâte) peuvent être comprises entre 5 et 30 % selon l'adjuvant, le dosage et la teneur en eau d'origine, avec une économie importante sur la teneur en ciment, bien qu'il n'y ait pas de prorata strict. Les adjuvants sont plus efficaces pour les bétons contenant de plus grandes quantités de matériaux fins. La réduction d'eau pour le béton de masse est normalement comprise entre 5 et 10 % et peut –être plus élevée pour le béton de structure.

Les réducteurs d'eau ont généralement un effet retardateur, en particulier à des doses élevées. Habituellement, l'amélioration de la maniabilité est limitée dans le temps. Lorsque le béton est transporté dans des camions malaxeurs, un adjuvant peut être ajouté sur le site avant sa mise en place.

Les réducteurs d'eau standard ont souvent l'effet recherché et sont nettement moins chers que les super-plastifiants (réducteurs d'eau haut de gamme), mais ces derniers sont utilisés dans une certaine mesure dans le béton de masse. Certains super-plastifiants peuvent entraîner une réduction de l'efficacité des entraîneurs d'air et il convient de demander l'avis des fabricants sur la possibilité d'utiliser ensemble un entraîneur d'air et un super-plastifiant.

5.5.   RETARDATEURS DE PRISE

Un allongement du temps de prise est nécessaire lorsque des couches successives de béton doivent être placées sur du béton frais. Sans retardateur de prise, la prise initiale peut être de deux à trois heures après le malaxage du béton frais. Avec les retardateurs, la prise initiale peut être retardée jusqu'à 24 heures voire plus. Un surdosage ou l'utilisation d'un produit chimique inapproprié peut empêcher complètement la prise.

Un retard important peut nécessiter des dosages de produits chimiques supérieurs aux dosages maximum donnés par les fabricants. Des tests approfondis sont nécessaires pour s'assurer que l'adjuvant retardateur fonctionnera comme requis.

Dans la norme ASTM C403, le temps de prise est mesuré par la résistance à la pénétration dans le béton moulé dans des cubes jusqu'à ce que la prise finale soit constatée. Pour réaliser cet essai le béton produit est tamisé à 5 mm. La prise initiale est définie par le moment où le béton atteint une résistance à la pénétration de 3,4 MPa (500 psi) et, en conséquence, la prise finale à 27,6 MPa (4000 psi).

Des tests approfondis peuvent être nécessaires pour identifier un agent qui donne des temps de prise prévisibles qui peuvent être ajustés en faisant varier le dosage du produit chimique. La plupart des produits commercialisés donnent des résultats prévisibles à des doses faibles à modérées pour un retard de prise limité, mais tous ne fonctionnent pas bien lorsqu'un retard important est requis. Des mélanges d'essai utilisant les proportions finales du mélange seront nécessaires pour établir la relation entre le dosage et les temps de prise. Les essais peuvent devoir être étendus au test de lots complets car il peut y avoir des différences de performances par rapport aux essais en laboratoire.

L'entraînement d'air n'affecte généralement pas le temps de prise.

Le temps de prise dépend de l'agent, du dosage, du temps de pré-malaxage avant l'ajout de l'agent (un temps de pré-malaxage accru donne un effet majoré), de la température (une augmentation de la température diminue l'effet de l'adjuvant) et de la chimie du ciment (un pourcentage élevé de C_3A réduit l'action de l'adjuvant).

Des retardateurs particuliers peuvent retarder la prise du béton de plusieurs jours. Plus le délai est long, plus il est difficile de le contrôler.

Le ressuage peut constituer un effet secondaire de la prise retardée, il peut se poursuivre pendant une période plus longue, entraînant une remontée d'eau plus importante et donc un retrait plastique plus important. Ceci a un effet délétère sur la perméabilité et la fissuration de retrait plastique et donc sur la durabilité du béton. Il peut être nécessaire de re-vibrer le béton et de mettre en place une protection et une cure plus efficaces.

Reductions of water content (and therefore paste content) can be between 5 and 30% depending on the admixture, dosage and original water content, with a significant saving in cementitious content, although there is not a strict pro rata relationship. The admixtures are most effective for concrete containing larger amounts of fine graded material. The water reduction for mass concrete is normally in the 5 to 10% range and higher reductions for structural concrete.

Water reducers typically have a retarding effect, particularly at high dosages. Usually the improvement of the workability is limited in time. Where concrete is transported in transit mixers, admixture can be added when it has reached the site.

Standard water reducers often have an adequate effect and are significantly cheaper than superplasticisers (high range water reducers) but the latter are used to some extent in mass concrete. Some superplasticisers can cause a reduction in the effectiveness of air entrainers and manufacturers' advice should be sought if an air entrainer and a superplasticiser are to be used in combination.

5.5.   SET RETARDERS

Delay of the setting time is required where successive concrete lifts are to be placed on fresh concrete. Without set retarders the initial set may be two to three hours after mixing. With retarders the initial set may be delayed to 24 hours or more. Over-dosing or use of an inappropriate chemical may prevent setting altogether.

The heavy retardation sometimes used requires dosages of chemicals higher than the maximum dosages given by the manufacturers. Extensive testing is required to ensure that the retarding admixture will perform as required.

In ASTM C403, setting time is measured by the penetration resistance of concrete in cubes until final set has occurred. The test concrete is screened from complete concrete mixes with the aggregate coarser than 5 mm removed. The initial set is defined by when the concrete attains a penetration resistance of 3.4 MPa (500 psi) and correspondingly the final set at 27.6 MPa (4000 psi).

Extensive testing may be required to identify an agent which gives predictable setting times that can be adjusted by varying the dosage of the chemical. Most marketed products give predictable results at small to moderate dosages for limited set retardation, but not all perform well where heavy retardation is required. Trial mixes using the final mix proportions will be required to establish the relationship between dosage and setting times. The trials may have to be extended to the testing of full batches are there can be differences in performance compared to laboratory mixes.

Air entrainment does not usually affect the setting time.

The setting time depends on the agent, the dosage, the pre-mixing time before adding the agent (increased premixing time gives increased effect), temperature (increased temperature, decreasing effect) and the chemistry of the cement (increased amount of C_3A, gives decreasing effect).

Specialised retarders can delay the setting of the concrete by several days. The longer the delay, the harder it is to control.

A side effect of the delayed setting is that bleeding can continue for a longer period, leading to a greater volume of bleed water and larger plastic shrinkage. This has a deleterious effect on permeability and plastic shrinkage cracking and therefore the durability of the concrete. It may be necessary to re-vibrate and implement more effective protection and curing.

5.6. ENTRAÎNEURS D'AIR

L'air entraîné se présente sous la forme de très petites bulles uniformément réparties dans la pâte. Il est distinct de l'air occlus qui se présente sous forme de bulles d'air macroscopiques, voire de grande taille.

Les entraîneurs d'air sont utilisés pour fournir une résistance au gel, augmenter la teneur en pâte et améliorer la maniabilité. La plupart des bétons auront une meilleure cohésion avec moins de ressuage et de ségrégation. La teneur en air requise pour le béton résistant au gel dépend de son exposition et de la MSA et de sa localisation, elle est peut être de 3 à 4 %. Il y a une certaine perte d'air entre le moment où le béton est malaxé et le moment où il est mis en place, elle peut s'élever à 2 % et la valeur cible au niveau du malaxeur peut être de 5 à 6 %. Le RCC ainsi que le CVC peuvent contenir de l'air entraîné. Pour une meilleure cohésion et un ressuage réduit dans le béton, 2 à 3 % d'air entraîné sont généralement suffisants. Pour la résistance au gel-dégel, la quantité d'air est dictée par le volume de pâte dans le mélange.

Les normes EN 934-2:2009 et ASTM C260 / C260M - 10a sont couramment utilisées pour spécifier les adjuvants entraîneurs d'air.

Au stade de l'appel d'offres, différentes marques d'adjuvants peuvent être proposées. L'acceptation de ceux-ci sera soumise à des tests supplémentaires sur des mélanges d'essai et à une évaluation des performances sur le terrain. Cela impliquera la vérification de la teneur en air lors de la mise en place et par la suite dans le béton durci, en particulier dans les zones de surface exposées aux conditions de gel-dégel. Ceci est particulièrement important pour le béton pompé.

Dans le béton de structure il y aura une perte de résistance d'environ 5 ou 6 % pour chaque pourcentage d'air entraîné. Cette perte sera très réduite dans les bétons de masse, moins dosés en liant qui sont habituellement utilisés dans les barrages, cette perte peut être négligeable. L'ampleur de la perte de résistance, si elle existe, sera mise en évidence pendant la campagne d'essais.

Les cendres volantes contiennent généralement du charbon actif résiduel qui peut augmenter considérablement la dose d'entraîneur d'air nécessaire. Certains types d'adjuvants entraîneurs d'air sont plus tolérants aux cendres volantes que d'autres et il convient de demander l'avis des fabricants.

La teneur en air des bétons est mesurée selon EN 12350-7 ou ASTM C 231, et selon ASTM C457 pour le béton durci.

Il est important de vérifier l'effet sur la durabilité et la résistance au gel-dégel du béton durci par des essais conformément à la norme CEN/TS 12390-9, car la quantité d'air entraîné n'est pas le seul facteur à prendre en compte, la distribution de la taille des pores et la distance entre les pores d'air constituent des paramètres importants.

5.6.   AIR ENTRAINERS

Entrained air occurs as very small bubbles evenly distributed in the paste. It is distinct from entrapped air which occurs as macroscopic, even large, air bubbles.

Air entrainers are used to provide frost resistance, increase the paste content and improve workability. Most concrete will have improved cohesion with less bleed and mix segregation. The required air content for frost resistant concrete depends on the exposure and MSA and as placed is likely to be 3 to 4%. There is some air loss between mixing and placement which may amount to 2% and the target value at the mixer might be 5 to 6%. RCC as well as CVC can be air entrained. For improved cohesion and reduced bleed in concrete, 2 to 3% entrained air is usually sufficient. For freeze thaw resistance the amount of air is dictated by the paste volume in the mix.

EN 934-2:2009 and ASTM C260 / C260M - 10a are in common usage for specifying air entrainment admixtures.

At the tender stage various makes of admixtures may be offered. Acceptance of these will be subject to further testing on trial mixes and evaluation of field performance. This will entail verification of air content at the placement and within the hardened concrete thereafter, especially in surface zones exposed to freeze-thaw conditions. This is particularly important for pumped concrete.

In structural concrete there will be a loss of strength of about 5 or 6% for each percentage of air entrained. This loss will be much reduced in the leaner mass concrete usually used in dams and may be negligible. The extent of strength loss, if any, will become evident in the trial mixes.

Fly-ash usually has residual active carbon which can significantly increase the dosage of air entrainer required. Some types of air entraining admixture are more tolerant of fly-ash than others and the manufacturers' advice should be sought.

The air content in concrete mixes is measured according to EN 12350-7 or ASTM C 231, and to ASTM C457 for hardened concrete.

It is important to verify the effect on the freeze-thaw durability on the hardened concrete via testing according to CEN/TS 12390-9 since not only the amount of entrained air but also the pore size distribution and distance between air pores are of importance.

6. EAU DE GÂCHAGE

L'eau de gâchage doit être conforme aux exigences de la norme EN 1008, ASTM C1602 ou équivalent. Le Tableau B13 donne une liste des tests requis et des normes d'essais appropriées.

L'eau potable est considérée comme conforme pour une utilisation dans le béton et ne nécessite aucun test.

L'eau provenant de sources souterraines, l'eau de surface naturelle et les eaux usées industrielles peuvent convenir à une utilisation dans le béton, mais nécessitent des tests de conformité aux exigences.

L'eau de mer ou l'eau saumâtre ne convient généralement pas au béton avec armature en raison de sa forte teneur en chlorure et même le béton non armé peut être affecté par les alcalis et les sulfates.

L'eau récupérée dans l'industrie du béton convient généralement, mais il existe des restrictions sur la quantité de matière solide car elle peut influencer l'esthétique et le béton exposé à des environnements agressifs. Elle doit donc être testée pour cela. Encore une fois, une telle eau peut contenir des alcalis et des sulfates.

6.   MIXING WATER

Mixing water should conform to the requirements of EN 1008, ASTM C1602 or equivalent. Table B13 gives a list of required tests and suitable testing standards.

Potable water is considered suitable for use in concrete and needs no testing.

Water from underground sources, natural surface water and industrial wastewater may be suitable for use in concrete, but requires testing for conformance to requirements.

Seawater or brackish water is usually not suitable for concrete with reinforcement because of its high chloride content and even unreinforced concrete might be affected by alkalis and sulphates.

Water recovered from processes in the concrete industry is usually suitable but there are restrictions on the amount of solid material and it can influence the aesthetics and concrete exposed to aggressive environments and must be tested for this. Again, such water might contain alkalis and sulphates.

7. PLANNING DE RÉALISATION DES ESSAIS SUR LES MATÉRIAUX

Les essais à réaliser sur les matériaux pour les barrages nécessitent beaucoup de temps. Il est important d'obtenir des échantillons et de commencer les tests dès que possible et à chaque phase d'étude du projet. Certains tests peuvent prendre un an ou plus, comme certains tests de réaction alcali-silice où de très longues périodes de test sont souhaitables. Des tests de résistance sur des mélanges d'essai de béton à 365 jours de maturité ou plus peuvent être nécessaires. Avant de commencer ces études, un certain nombre d'essais sur les granulats et les matériaux cimentaires doivent être effectués. Dans certains plannings très contraints, les résultats finaux des tests de longue durée peuvent ne pas être disponibles avant l'achèvement complet de la phase d'étude concernée. Les Tableaux 7.1, 7.2 et 7.3 donnent une indication des principales activités et de leur durée. La séquence des activités est approximative et il peut y avoir un certain chevauchement. Si les additions pouzzolaniques ne sont pas utilisées, la durée du test sur les éprouvettes de mélange d'essai sera réduite.

Au début de chaque phase du projet, un programme d'investigations et d'essais de matériaux doit être établi, en notant la dépendance de certains essais et activités à l'achèvement d'autres. Dans les cas où des écarts avec les limites fixées par les normes classiques doivent être pris en compte, un temps suffisant pour faire des tests plus approfondis doit être prévu. Il faudra peut-être également prévoir du temps pour les approbations des autorités externes.

Table 7.1
Démarches importantes et essais à réaliser au stade des études préalables et des études de faisabilité. Principales phases et durée estimée.

	Démarches/Essais	Durée Semaines	Conclusion
Études préalables	Indentification de la carrière Pétrographie	6	
	Caractéristiques physiques des granulats	9	
	Caractéristiques chimiques des granulats	9	
	Identification des sources de pouzzolanes Identification des sources des ciments	2	Ressources potentielles en matériaux identifiées
Étude de faisabilité	Pétrographie Confirmation de la localisation de la carrière	9	
	Vérification de la disponibilité des matériaux notamment pour les granulats, par forages. Échantillonnage et récolte des données (ciment et pouzzolanes)	13	
	Caractéristiques physiques des granulats Caractéristiques chimiques des granulats	4	Confirmation des ressources conformes en granulats
	Sources de pouzzolanes Propriétés chimiques et physiques Test préliminaire sur les ciments Exigences pour le traitement	13	Confirmation des ressources conformes en pouzzolanes
	Collecte des données sur les fournisseurs de ciments	4	Confirmation des ressources conformes
	Essais des eaux de gâchage	1	Confirmation de la disponibilité
	Réaction Alcalis/Silice, autres tests physico-chimiques à long terme	9 à 52 ou plus	Indication de possibles problèmes
	Mélanges d'essai pour test des pouzzolanes - Efficacité du ciment avec granulats standards ou provenant de la carrière du chantier	13	Identification des meilleures sources possibles pour les ciments et les pouzzolanes
	Formulation préliminaire des bétons	2	Composition probable des bétons

7. TIME SCHEDULE FOR TESTING OF MATERIALS

The testing of material for dams is time-consuming. It is important to obtain samples and start tests as soon as possible in each phase of project development. Some tests can take a year or more to complete, such as certain tests for alkali-silica reaction where very long periods of testing are desirable. Strength tests on concrete trial mixes at 365 days maturity or more may be required. Before such tests can be started, a number of tests on aggregate and cementitious materials have to be made. In some compressed schedules the final test results of the long duration tests may not be complete until after the nominal completion of the particular project phase. Table 7.1, Table 7.2, and Table 7.3 give an indication of key activities and their durations. The sequence of activities is approximate and there will be some overlap. If pozzolans will not be used, the test duration on trial mix specimens will be reduced.

At the start of each project phase a schedule of material investigations and testing should be drawn up, noting the dependency of certain tests and activities on the completion of others. In cases where variations in limits from normal standards are to be considered, sufficient time for extensive testing must be provided. Time may also have to be allowed for approvals of external authorities.

Table 7.1
Tests and key activities for pre-feasibility and feasibility studies Indicative sequence and durations

	Activity/Tests	Duration Weeks	Conclusion
Pre-feasibility	Quarry identification Petrography	6	
	Aggregate physical properties	9	
	Aggregate chemical properties	9	
	Identification of pozzolan sources Identification of cement sources	2	Potential sources of materials identified
Feasibility	Petrography Quarry location confirmation	9	
	Proving availability of materials incl. aggregate by drilling, sampling and data collection (cement and pozzolan)	13	
	Aggregate physical properties Aggregate chemical properties	4	Confirmation of suitable aggregate sources
	Pozzolan sources Chemical and physical properties Preliminary tests with cement Requirements for processing	13	Confirmation of suitable pozzolan sources
	Collection of manufacturers' data on cement	4	Confirmation of suitable sources
	Tests on mixing water	1	Confirmation of suitability
	Alkali silica reaction, other long term physio-chemical tests	9 to 52 or more	Indication of chemical problems
	Trial mixes to test pozzolan - cement efficacy with standard aggregate or from site quarry	13	Identification of preferred cement and pozzolan sources
	Preliminary concrete mix designs	2	Probable mix proportions

Table 7.2

Démarches importantes et essais à réaliser lorsque la composition des bétons est donnée dans les documents d'appel d'offre Principales phases et durée estimée.

	Démarches/Essais	Durée Semaines	Conclusion
Composition détaillée et documents d'AO	Organiser la production de granulats en quantité suffisante par concassage, classification et réalisation des essais pour vérifier les caractéristiques physiques	4	Identification des granulats, définition des paramètres de traitement
	Essais portant sur la RAG et autres essais physico-chimiques de longue durée (conclusion)	52	Confirmation de l'absence de problèmes
	Essais sur les ciments et les pouzzolanes	4	Sélection de sources de ciments conformes
	Identification des besoins en adjuvants chimiques pour obtenir de l'air entraîné, améliorer l'ouvrabilité, contrôler le temps de prise	2	Sélection d'adjuvants conformes avec le bon dosage
	Gâchées d'essai avec incorporation d'adjuvants	30 à 56	Élaboration de la composition des bétons
	Spécifications pour les granulats et les bétons. Définir les compositions des bétons	13	Apporter les compléments aux documents d'appel d'offre
Construction	Prélever des stocks de granulats des échantillons en quantité suffisante (probablement quelques tonnes) et faire les essais pour les caractéristiques physiques	2	
	Essais sur les ciments et les pouzzolanes	4	
	Faire les essais pour déterminer les bons dosages en adjuvants, entraîneurs d'air, retardateurs de prises, plastifiant pour améliorer l'ouvrabilité	2	
	Réaliser des gâchées d'essai avec les adjuvants sélectionnés. Vérifier la tenue au gel dans les conditions d'exposition de l'ouvrage	30 à 56	Ajustement du dosage de tous les composants
	Fixer les compositions de béton pour la phase travaux		

Table 7.3

Démarches importantes et essais à réaliser lorsque les compositions de béton sont définies dans la durée du contrat. Principales phases et durée estimée.

	Démarches/Essais	Durée Semaines	Conclusion
Composition détaillée et documents d'AO	Essais pour vérifier le comportement des bétons face au risque RAG et autres essais physico-chimiques à long terme (conclusion)	52	Confirmation de l'absence de problèmes
	Essais sur les ciments et les pouzzolanes	4	Sélection des sources conformes
	Spécifications pour les constituants des bétons et pour les bétons	13	Documents d'appel d'offre
Période de construction ne comprends pas les démarches de qualité et de contrôle	Prélever des échantillons de matériaux de la carrière et de granulats après concassage/criblage/lavage (plusieurs tonnes) Vérifier les caractéristiques physiques	4	Définir les procédures de traitement des matériaux
	Essais sur les ciments et les pouzzolanes	4	Confirmation des sources d'approvisionnement
	Préciser les exigences pour les adjuvants (Entraînement d'air, temps de prise, plasticité)	2	Définir les adjuvants conformes ainsi que leur dosage
	Réaliser des gâchées d'essai avec les adjuvants sélectionnés. Vérifier la tenue au gel dans les conditions d'exposition de l'ouvrage	30 à 56	Détermination des quantités de chaque composant pour la composition des bétons
	Compositions des bétons pour la phase travaux		

Table 7.2
Tests and key activities where concrete mixes are defined in tender Indicative sequence and durations

	Activity/Tests	Duration Weeks	Conclusion
Detailed design and Tender Documents	Obtain bulk aggregate sample (many tonnes) Crush, grade and tests for physical properties	4	Identification of aggregate processing requirements
	Alkali silica reaction, other long term physio-chemical tests (conclusion)	52	Confirmation of any chemical problems
	Tests on cement and pozzolan	4	Selection of suitable cements sources
Construction	Identify chemical admixture requirements (air entrainment, workability, setting time) Tests in trial mixes	2	Selection of suitable admixtures and dosages
	Trial mixes including chemical admixtures	30 to 56	Determination of mix proportions
	Material and concrete specifications Mix designs	13	Completion of tender documents
	Obtain bulk aggregate samples (many tonnes) from stockpiles, test for physical properties	2	
	Tests on cement and pozzolan	4	
	Test air entrainment, workability and setting time admixtures in trial mixes to establish dosages	2	
	Trial mixes including chemical admixtures. Freeze-thaw testing if exposure conditions require it.	30 to 56	Adjustment of mix proportions
	Mix designs for construction		

Table 7.3
Tests and key activities when concrete mixes defined in contract period: Indicative sequence and durations

	Activity/Tests	Duration Weeks	Conclusion
Detailed design and Tender Documents	Alkali silica reaction, other long term physio-chemical tests (conclusion)	52	Confirmation of any chemical problems
	Tests on cement and pozzolan	4	Selection of suitable cements sources
	Material and concrete specifications Mix designs	13	Tender documents
Construction period Does not include QA/QC testing and control	Obtain bulk aggregate sample (many tonnes) from quarry, crush, grade and tests for physical properties.	4	Identification of aggregate processing requirements
	Tests on cement and pozzolan	4	Confirmation of cement and pozzolan sources
	Identify chemical admixture requirements (air entrainment, workability, setting time) Tests in trial mixes	2	Selection of suitable admixtures and dosages
	Trial mixes including chemical admixtures. Freeze-thaw testing if exposure conditions require it.	30 to 56	Determination of mix proportions
	Mix designs for construction		

8. REFERENCES

CHAPTER 1 *INTRODUCTION*

ICOLD Bulletin 136, 2009: The Specification and Quality Control of Concrete for Dams

ICOLD Bulletin 145: The Physical Properties of Hardened Conventional Concrete in Dams

CHAPTER 2 *AGGREGATE*

AFNOR P18-454 (2004) Béton: Réactivité d'une formule de béton vis-à-vis de l'alcali- réaction (essaie de performance). Association Française de Normalisation, Paris, France.

AFNOR P18-454 (2004) Béton: Réactivité d'une formule de béton vis-à-vis de l'alcali- réaction (Critères d'interprétation des résultats de l'essai de performance). Association Française de Normalisation, Paris, France.

AFNOR P 18-542 (2004) Granulats: Critères de qualification des granulats naturels pour béton hydrauliques vis-à-vis de l'alcali-réaction, Association Française de Normalisation, Paris, France.

ASTM C33 / C33M - 11a Standard Specification for Concrete Aggregates

ASTM C40 / C40M - 11 Standard Test Method for Organic Impurities in Fine Aggregates for Concrete

ASTM C87 / C87M - 10 Standard Test Method for Effect of Organic Impurities in Fine Aggregate on Strength of Mortar

ASTM C88 Standard Test Method for Soundness of Aggregates by Use of Sodium Sulfate or Magnesium Sulfate

ASTM C157 Standard Test Method for Length Change of Hardened Hydraulic-Cement Mortar and Concrete

ASTM C289 - 07 Standard Test Method for Potential Alkali Silica Reactivity of Aggregates (Chemical Method) OBSOLETE

ASTM C295 Standard Guide for Petrographic Examination of Aggregates for Concrete

ASTM C294 Standard Descriptive Nomenclature for Constituents of Concrete Aggregates

ASTM C1260 - 07 Standard Test Method for Potential Alkali Reactivity of Aggregates (Mortar-Bar Method)

ASTM C1293 – 08a Standard Test Method for Determination of Length Change of Concrete Due to Alkali Silica Reaction

ASTM C1567 - 11 Standard Test Method for Determining the Potential Alkali Silica Reactivity of Combinations of Cementitious Materials and Aggregate (Accelerated Mortar Bar Method)

ASTM D2419 - 09 Standard Test Method for Sand Equivalent Value of Soils and Fine Aggregate

ASTM D5335 Standard Test Method for Linear Coefficient of Thermal Expansion of Rock Using Bonded Electric Resistance Strain Gauges

BS 812-104: 1994 – Method qualitative and quantitative petrographic examination of aggregates

BS 5930:1999 -A2:2010 Code of practice for site investigations - Petrographic Examination of Rock

EN 932-3:1997 - Tests for general properties of aggregates. Procedure and terminology for simplified petrographic description

EN 933-3:2012 - Tests for geometrical properties of aggregates. Determination of particle shape. Flakiness index

Charlwood, R. et al. Recent developments in the management of chemical expansion of concrete in dams and hydro projects – Part 1: Existing structures. Hydro 2012, Bilbao.

Chen, H., J.A. Solles, and V.M. Molhatra, CANMET, Investigations of supplementary cementing materials for reducing alkali-aggregate reactions, *International Workshop on Alkali-Aggregate Reactions in Concrete,* Halifax, NS, 20 pp. (CANMET,Ottawa, 1990).

CRD-C 148-69 Method of Testing Stone for Expansive Breakdown on Soaking in Ethylene Glycol. U.S. Army Corps of Engineers

EN 480-10:2009 Admixtures for concrete, mortar and grout. Test methods. Determination of water soluble chloride content

EN 932-3:1997 Tests for general properties of aggregates. Procedure and terminology for simplified petrographic description

EN 933-7:1998 Tests for geometrical properties of aggregates. Determination of shell content. Percentage of shells in coarse aggregates

EN 1097-6:2000 Tests for mechanical and physical properties of aggregates. Determination of particle density and water absorption.

EN 1367-1:2000: Tests for thermal and weathering properties of aggregates. Determination of resistance to freezing and thawing.

EN 1367-2:1998: Tests for thermal and weathering properties of aggregates. Magnesium sulphate test.

EN 1744-1:2010 Tests for chemical properties of aggregates

EN 1744-5:2006 Tests for chemical properties of aggregates. Determination of acid soluble chloride salts

EN 12620:2002 Aggregates for concrete EN 12620.

ICOLD Bulletin 79: 1991: Alkali-aggregate reaction in concrete dams. To be replaced by a revised version, in preparation (2013).

Katayama, T and Sommer, H: Further investigation of the mechanism of so-called alkali-carbonate reaction based on modern petrographic techniques, Proceedings of 13th International Conference on Alkali-Aggregate Reaction, pp850-860,2008

Langer, William H.: Natural Aggregates of the Conterminous United States U.S. Geological Survey, Bulletin 1594, 1988.

Neville, A.M.: Properties of Concrete, Longman 2011

Nott, D; Forbes, B; Brigden, D. Use of a high shrinkage aggregate in a new RCC dam. 6th International Symposium on Roller Compacted Concrete (RCC) Dams, Zaragoza, 2012

Poole, A.B., Sims, I. 2003: Geology, aggregates and classification, In: Newman, J., Ban Seng Choo (eds) *Advanced Concrete Technology: Constituent Materials,* Chapter 5, 5/3-5/36, Elsevier, Oxford.

RILEM Recommended Test Method AAR-1 'Detection of potential alkali-reactivity aggregates' Petrographic method.

RILEM: New test procedures are published from time to time.

Sims, I. at al: Recent developments in the management of chemical expansion of concrete in dams and hydro projects – Part 2: RILEM proposals for prevention of AAR in new dams. Hydro 2012, Bilbao.

Sims, I., Brown, B.V. 1998: Concrete aggregates, in: Hewlett, P.C. (ed) *Lea's Chemistry of Cement and Concrete,* 4th edition, Chapter 16, 903-1011, Arnold, London.

Smith, M.R., Collis, L. (eds) 2001: *Aggregates: Sand, gravel and crushed rock aggregates for construction purposes,* 3rd edition (revised by Fookes, P.G., Lay, J., Sims, I., Smith, M.R., West, G.), Engineering Geology Special Publication 17, The Geological Society, London.

CHAPTER 3 *CEMENT*

ASTM C403 / C403M - 08 Standard Test Method for Time of Setting of Concrete Mixtures by Penetration Resistance

ASTM C 109/C 109M Test Method for Compressive Strength of Hydraulic Cement Mortars (Using 2-in. or [50-mm] Cube Specimens)

ASTM C 114 Test Methods for Chemical Analysis of Hydraulic Cement

ASTM C 115 Test Method for Fineness of Portland Cement by the Turbidimeter

ASTM C 150 / C150M - 12 Standard Specification for Portland Cement

ASTM C 151 Test Method for Autoclave Expansion of Portland Cement

ASTM C 186 Test Method for Heat of Hydration of Hydraulic Cement

ASTM C 191 Test Method for Time of Setting of Hydraulic Cement by Vicat Needle

ASTM C 204 Test Method for Fineness of Hydraulic Cement by Air Permeability Apparatus

ASTM C 266 Test Method for Time of Setting of Hydraulic Cement Paste by Gillmore Needles

ASTM C 452 Test Method for Potential Expansion of Portland-Cement Mortars Exposed to Sulfate

ASTM C 1038 Test Method for Expansion of Hydraulic Cement Mortar Bars Stored in Water

EN 196-8:2010 Methods of testing cement. Heat of hydration. Solution method

EN 196-9:2010 Methods of testing cement. Heat of hydration. Semi-adiabatic method

Fournier, B., CANMET/Industry Joint Research Program on Alkali-Aggregate Reaction—Fourth Progress Report, Canada Centre for Mineral and Energy Technology, Ottawa, 1997.

USBR No. 4911 Temperature Rise of Concrete, *Concrete Manual, Ninth Edition, Part 2*, U.S. Department of the Interior, Bureau of Reclamation, Denver, CO USA, 1992.

CHAPTER 4 *POZZOLANS*

ACI 232.1 R12 Use of Raw or Processed Natural Pozzolans in Concrete

ASTM C311 Test Methods for Sampling and Testing Fly Ash or Natural Pozzolans for Use in Portland-Cement Concrete

ASTM C618 Specification for Coal Fly Ash and Raw or Calcined Natural Pozzolan for Use in Concrete

Fly-ash

EN 450-1: Fly ash for concrete. Definition, specifications and conformity criteria

EN 450-2: Fly ash for concrete. Conformity evaluation

Blast furnace slag

ACI 226.1R-87 GGBF Slag as a cementitious constituent in Concrete

AFNOR NF.P 18506-92 : Additifs pour béton hydraulique - Laitier vitrifié de haut fourneau AFNOR sagaweb, 1992.

Alexandre, J., Sebileau, J.L.: Élaboration de bétons hydrauliques à base de laitiers de haut fourneau tunisien. Materials and Structures Le Laitier de haut fourneau: élaboration, traitements, propriétés, emplois. CTPL, 1988

ASTM C989 / C989M - 11 Standard Specification for Slag Cement for Use in Concrete and Mortars

ASTM C1073 - 97a(2003) Standard Test Method for Hydraulic Activity of Ground Slag by Reaction with Alkali

Cheron, M., Lardinois, C.: The role of Magnesia and Alumina in the hydraulic properties of Granulated Blast Furnace Slags

Demoulian, E., Hawthorn F., Vernet C.: Influence de la composition chimique et de la texture des laitiers sur leur hydraulicité

EN 15167-1:2006 Ground granulated blast furnace slag for use in concrete, mortar and grout. Definitions, specifications and conformity criteria

JIS A 6206:1997 Ground granulated blast-furnace slag for concrete.

Mantel, DG: Investigation Into the Hydraulic Activity of Five Granulated Blast furnace Slags with Eight Different Portland Cements. ACI Materials Journal - title 91-M.47

Regourd, M., Hornain, H.: Characterisation and thermal activation of slag cement

Smolczyk, HG: Slag structure and Identification of slag

Silica fume

ASTM C1240 - 11 Standard Specification for Silica Fume Used in Cementitious Mixtures

EN 13263-1:2005 Silica fume for concrete. Definitions, requirements and conformity criteria

Natural pozzolans

ASTM C114 - 11b Standard Test Methods for Chemical Analysis of Hydraulic Cement

EN 196-1: Methods of testing cement. Determination of strength

EN 196-2: Methods of testing cement. Chemical analysis of cement

EN 196-5; 2011: Methods of testing cement. Pozzolanicity test for pozzolanic cement

EN 933-9:2009: Tests for geometrical properties of aggregates. Assessment of fines. Methylene blue test

NFP 18 513:2010 Pozzolanic Addition for Concrete - Metakaolin - Definitions, Specifications and Conformity Criteria

Parhizkar, T, et al.: *Proposing a New Approach for Qualification of Natural Pozzolans* Transaction A: Civil Engineering Vol. 17, No. 6, pp. 450-456, Sharif University of Technology, December 2010

NF P 18-513, Annexe A. Metakaolin - measuring the total quantity of fixed Calcium Hydroxide (Chapelle test modified)

U.K. government, 2003. EXP 129, Rice Husk Ash Market Study. ETSU U/00/00061/REP DTI/Pub URN 3/668

CHAPTER 5 CHEMICAL ADMIXTURES

ASTM C39 / C39M - 12 Standard Test Method for Compressive Strength of Cylindrical Concrete Specimens

ASTM C78 / C78M - 10 Standard Test Method for Flexural Strength of Concrete (Using Simple Beam with Third-Point Loading)

ASTM C138 / C138M - 12 Standard Test Method for Density (Unit Weight), Yield, and Air Content (Gravimetric) of Concrete

ASTM C157 / C157M - 08 Standard Test Method for Length Change of Hardened Hydraulic-Cement Mortar and Concrete

ASTM C143 / C143M - 10a Standard Test Method for Slump of Hydraulic Cement Concrete

ASTM C192 / C192M - 07 Standard Practice for Making and Curing Concrete Test Specimens in the Laboratory

ASTM C231 / C231M - 10 Standard Test Method for Air Content of Freshly Mixed Concrete by the Pressure Method

ASTM C232 / C232M - 09 Standard Test Methods for Bleeding of Concrete

ASTM C403 / C403M - 08 Standard Test Method for Time of Setting of Concrete Mixtures by Penetration Resistance

ASTM C457 / C457M - 11 Standard Test Method for Microscopical Determination of Parameters of the Air-Void System in Hardened Concrete

ASTM C260 / C260M - 10a Standard Specification for Air-Entraining Admixtures for Concrete

ASTM C494 / C494M - 11 Standard Specification for Chemical Admixtures for Concrete

ASTM C1170 / C1170M - 08 Standard Test Method for Determining Consistency and Density of Roller-Compacted Concrete Using a Vibrating Table

ASTM E70 - 07 Standard Test Method for pH of Aqueous Solutions With the Glass Electrode

CEN/TS 12390 Testing hardened concrete - Part 9: Freeze-thaw resistance - Scaling

EN 480-2:2006 Admixtures for concrete, mortar and grout. Test methods. Determination of setting time

EN 480-4:2005 Admixtures for concrete, mortar and grout. Test methods. Determination of bleeding of concrete

EN 480-6:2005 Admixtures for concrete, mortar and grout. Test methods. Infrared analysis

EN 480-8:1997 Admixtures for concrete, mortar and grout. Test methods. Determination of the conventional dry material content

EN 480-10:2009 Admixtures for concrete, mortar and grout. Test methods. Determination of water soluble chloride content

EN 480-11:2005 Admixtures for concrete, mortar and grout. Test methods. Determination of air void characteristics in hardened concrete

EN 480-12:2005 Admixtures for concrete, mortar and grout. Test methods. Determination of the alkali content of admixtures

EN 934-2:2001 Admixtures for concrete, mortar and grout. Concrete admixtures. Definitions, requirements, conformity, marking and labelling

EN 12350-2:2009 Testing fresh concrete. Slump-test

EN 12350-3:2009 Testing fresh concrete. Vebe test

EN 12350-5:2009 Testing fresh concrete. Flow table test

EN 12350-6:2009 Testing fresh concrete. Density

EN 12350-7:2009 Testing fresh concrete. Air content. Pressure methods

EN 12390-3:2009 Testing hardened concrete. Compressive strength of test specimens

ISO 758:1976 Liquid chemical products for industrial use – Determination of density at 20 degrees

ISO 1158:1998 Plastics – Vinyl chloride homopolymers and copolymers – Determination of chlorine content

ISO 4316:1977 Surface active agents – Determination of pH of aqueous solutions – Potentiometric method

CHAPTER 6 MIXING WATER

EN 1008:2002 Mixing water for concrete – specification for sampling, testing and assessing the suitability of water, including water recovered from process in the concrete industry, as mixing water for concrete.

ANNEXE A – CARACTÉRISTIQUES DES MATÉRIAUX CIMENTAIRES

Tableau A1
Ciment: Exigences de composition selon la norme (ASTM C150)

Élément	Méthode d'essai applicable	Type de ciment				
		I	II	III	IV	V
Dioxide de silicium (SiO2), min, %	C 114	...	$20.0^{B,C}$	... .	..	...
Oxide d'aluminium (Al2O3), max, %	C 114	...	6.0	... ..	. .	..
Oxyde férrique(Fe2O3), max, %	C 114	...	$6.0^{B,C}$	...	6.5	...
Oxyde de magnésium (MgO), max, %	C 114	6.0	6.0	6.0	6.0	6.0
Trioxyde de soufre (SO3),D max, %	C 114					
Si (C3A)E est ≤ 8 %		3.0	3.0	3.5	2.3	2.3
Si (C3A)E est > 8 %		3.5	F	4.5	F	F
Perte au feu, max, %	C 114	3.0	3.0	3.0	2.5	3.0
Résidu insoluble, max %	C 114	0.75	0.75	0.75	0.75	0.75
Silicate tricalciaque (C3S), max, %		...	..	. ...	35^B	...
Silicate bicalcique (C2S), min, %		...	...	...	40^B	...
Aluminate tricalcique (C3A), max, %		...	8	15	7^B	5^C
Aluminoferrite tricalcique plus 2 fois aluminate tricalcique (C4AF + 2(C3A)), Voir Annexe ou sol.solide (C4AF + C2F), si applicable, max, %		...	..	.	...	25^C

B Ne s'applique pas lorsque la limite de chaleur d'hydratation du tableau 4 est spécifiée (voir ASTM C150).

C Ne s'applique pas lorsque la limite de résistance aux sulfates du tableau 4 est spécifiée (voir ASTM C150).

D Il existe des cas où le SO3 optimal (en utilisant la méthode d'essai C 563) pour un ciment particulier est proche ou supérieur à la limite de cette spécification. Dans les cas où les propriétés d'un ciment peuvent être améliorées en dépassant les limites de SO3 indiquées dans ce tableau, il est permis de dépasser les valeurs du tableau, à condition qu'il ait été démontré par la méthode d'essai C 1038 que le ciment avec SO3 augmenté ne pas développera pas d'expansion dans l'eau supérieure à 0,020 % à 14 jours. Lorsque le fabricant fournit du ciment dans le cadre de cette disposition, il doit, sur demande, fournir des données justificatives à l'acheteur.

F Sans objet

APPENDIX A – TYPICAL PROPERTIES OF CEMENTITIOUS MATERIALS

Table A1
Cement: Standard Composition Requirements (ASTM C150)

Compound	Applicable Test Method	Cement Type				
		I	II	III	IV	V
Silicon dioxide (SiO2), min, %	C 114	...	$20.0^{B,C}$	... .	..	...
Aluminium oxide (Al2O3), max, %	C 114	...	6.0	... ..	. .	..
Ferric oxide (Fe2O3), max, %	C 114	...	$6.0^{B,C}$	...	6.5	...
Magnesium oxide (MgO), max, %	C 114	6.0	6.0	6.0	6.0	6.0
Sulphur trioxide (SO3),D max, %	C 114					
When (C3A)E is 8 % or less		3.0	3.0	3.5	2.3	2.3
When (C3A)E is more than 8 %		3.5	F	4.5	F	F
Loss on ignition, max, %	C 114	3.0	3.0	3.0	2.5	3.0
Insoluble residue, max, %	C 114	0.75	0.75	0.75	0.75	0.75
Tricalcium silicate (C3S), max, %		...	..	. ...	35^B	...
Dicalcium silicate (C2S), min, %		...	...	...	40^B	...
Tricalcium aluminate (C3A), max, %		...	8	15	7^B	5^C
Tetracalcium aluminoferrite plus twice the tricalcium aluminate						
(C4AF + 2(C3A)), See Annex or solid solution (C4AF + C2F), as applicable, max, %		...	..	.	...	25^C

[B] Does not apply when the heat of hydration limit in Table 4 is specified (see ASTM C150).

[C] Does not apply when the sulfate resistance limit in Table 4 is specified (see ASTM C150).

[D] There are cases where optimum SO_3 (using Test Method C 563) for a particular cement is close to or in excess of the limit in this specification. In such cases where properties of a cement can be improved by exceeding the SO_3 limits stated in this table, it is permissible to exceed the values in the table, provided it has been demonstrated by Test Method C 1038 that the cement with the increased SO_3 will not develop expansion in water exceeding 0.020 % at 14 days. When the manufacturer supplies cement under this provision, he shall, upon request, supply supporting data to the purchaser.

[F] Not applicable.

Tableau A2
Ciment: Exigences de composition selon la norme (ASTM C150)

Propriété	Méthode d'essai	Type de Ciment				
		I	II	III	IV	V
Chaleur d'hydratation à 7 jours, max, J/g [H]	C186		290		250	
Chaleur d'hydratation à 28 jours, max, J/g [H]	C186				290	
Teneur en air du mortier, [B] volume %:	C 185					
max		12	12	12	12	12
min		...	...	...	...	...
Finesse, [C] surface spécifique, m²/kg						
Essai au turbidimètre, min	C 115	160	160	...	160	160
Perméabilité à l'air, min	C 204	280	280	...	280	280
Expansion Autoclave , max, %	C 151	0.80	0.80	0.80	0.80	0.80
Résistance à la compression ne doit pas être inférieure aux valeurs indiquées aux échéances concernées: [D]						
Résistance à la compression, MPa (psi):	C 109/ C 109M					
1 jour		...	...	12.0	...	...
3 jours		12.0	10.0	24.0	...	8.0
			7.0[E]			
7 jours		19.0	17.0	...	7.0	15.0
			12.0[E]			
28 jours		...	...	.	..	17.0	21.0
Temps de prise (méthode alternative) [F]						
Essai Gillmore :	C 266					
Début de prise, min, non inférieur à		60	60	60	60	60
Fin de prise, min, non inférieur à		600	600	600	600	600
Essai Aiguille de Vicat [G]	C 191					
Début de prise, min, non inférieur à		45	45	45	45	45
Fin de prise, min, non inférieur à		375	375	375	375	375

B Le respect des exigences de cette spécification ne garantit pas nécessairement que la teneur en air souhaitée sera obtenue dans le béton.

C Le laboratoire d'essai doit sélectionner la méthode de finesse à utiliser. Cependant, lorsque l'échantillon ne satisfait pas aux exigences de l'essai de perméabilité à l'air, l'essai au turbidimètre doit être utilisé et les exigences de ce tableau pour la méthode turbidimétrique prévaudront.

D La résistance à tout âge d'essai spécifié ne doit pas être inférieure à celle atteinte à tout âge d'essai spécifié précédent.

E Lorsque la chaleur d'hydratation facultative ou la limite chimique sur la somme du silicate tricalcique et de l'aluminate tricalcique est spécifiée.

F L'essai de temps de prise requis doit être spécifié par l'acheteur. Dans le cas où il ne le précise pas, seules les exigences de l'épreuve Vicat prévaudront.

G Le temps de prise est celui décrit comme temps de prise initiale dans la méthode d'essai C 191.

H Paramètres optionnels

Property	Test Method	Cement Type				
		I	II	III	IV	V
Heat of hydration at 7 days, max, J/g [H]	C186		290		250	
Heat of hydration at 28 days, max, J/g [H]	C186				290	
Air content of mortar, [B] volume %:	C 185					
max		12	12	12	12	12
min		...	...	...	...	...
Fineness, [C] specific surface, m²/kg						
Turbidimeter test, min	C 115	160	160	...	160	160
Air permeability test, min	C 204	280	280	...	280	280
Autoclave expansion, max, %	C 151	0.80	0.80	0.80	0.80	0.80
Strength, not less than the values shown for the ages indicated as follows: [D]						
≤Compressive strength, MPa (psi):	C 109/ C 109M					
1 day		...	...	12.0	...	...
3 days		12.0	10.0	24.0	...	8.0
			7.0[E]			
7 days		19.0	17.0	...	7.0	15.0
			12.0[E]			
28 days		...	...	.	..	17.0	21.0
Time of setting (alternative methods):[F]						
Gillmore test:	C 266					
Initial set, min, not less than		60	60	60	60	60
Final set, min, not more than		600	600	600	600	600
Vicat test:[G]	C 191					
Time of setting, min, not less than		45	45	45	45	45
Time of setting, min, not more than		375	375	375	375	375

[B] Compliance with the requirements of this specification does not necessarily ensure that the desired air content will be obtained in concrete.

[C] The testing laboratory shall select the fineness method to be used. However, when the sample fails to meet the requirements of the air-permeability test, the turbidimeter test shall be used, and the requirements in this table for the turbidimetric method shall govern.

[D] The strength at any specified test age shall be not less than that attained at any previous specified test age.

[E] When the optional heat of hydration or the chemical limit on the sum of the tricalcium silicate and tricalcium aluminate is specified.

[F] The time-of-setting test required shall be specified by the purchaser. In case he does not so specify, the requirements of the Vicat test only shall govern.

[G] The time of setting is that described as initial setting time in Test Method C 191.

[H] Optional parameters

Tableau A3
Ciment: Norme européenne pour le CEM I

La norme EN 197-1 définit les exigences pour 27 types de ciment plus 7 autres types résistants aux sulfates. Seules les exigences pour le CEM I (ciment de base) sont données ici.

		Ciment de type CEM I	Référence EN 197-1	Norme d'essai	Commentaire
Exigences chimiques					
$3CaO \cdot SiO_2 + 2CaO \cdot SiO_2$	%	≥ 66.7	§ 5.2.1	EN 196	Du clinker
Teneur en Clinker	%	≥ 95	Tableau 1	EN 196	
CaO / SiO_2		≥ 2	§ 5.2.1	EN 196	
Ajouts minéraux	%	≤ 5	Tableau 1	EN 196	
Mg O	%	≤ 5	§ 5.2.1	EN 196	
Perte au feu	%	≤ 5	Tableau 4	EN 196-2	·
Insoluble residue	%	≤ 5	Tableau 4	EN 196-2	
Sulfates (SO_3)	%	≤ 3.5	Tableau 4	EN 196-2	Pour 32.5[1] N[2], 32.5 R[3], 42.5 R
Sulfates (SO_3)	%	≤ 4.0	Tableau 4	EN 196-2	Pour 42.5 R, 52.5 N, 52.5 R
Chloriures	%	≤ 0.1	Tableau 4	EN 196-2	
Exigences physiques					
Résistance à la compression @ 2 jours	MPa	32.51 N2: Not req. 32.5 R3 : ≥ 10 42.5 N: ≥ 10 42.5 R: ≥ 20 52.5 N: ≥ 20 %2.5 R: ≥ 20	Tableau 3	EN 196	
Résistance à la compression @ 7 jours MPa		32.5 N: ≥ 12.0	Tableau 3	EN 196	
Résistance à la compression @ 28 jours MPa		32.5 N, 32.5 R : 32.5 to 52.5 42.5 N, 42.5 R: 42.5 to 62.5 52.5 N, 52.5 R $\geq$ 52.5	Tableau 3	EN 196	
Début de prise	min	≥ 60 to 75	Tableau 3	EN 196	
Stabilité (expansion)	mm	≤ 10	Tableau 3	EN 196	

[1] Classe de résistance donnée par la Rc $_{28}$ [2] Rc aux jeunes âges courantes   [3] Haute résistance initiale

EN 197-1 sets out the requirements for 27 types of cement plus 7 sulphate resisting types. Only the requirements for CEM I (basic cement) are given here.

		Cement type CEM I	Reference in EN 197-1	Test standard	Comment
Chemical requirements					
$3CaO \cdot SiO_2 + 2CaO \cdot SiO_2$	%	≥ 66.7	§ 5.2.1	EN 196	In clinker
Clinker content	%	≥ 95	Table 1	EN 196	
CaO / SiO_2		≥ 2	§ 5.2.1	EN 196	
Mineral additives	%	≤ 5	Table 1	EN 196	
Mg O	%	≤ 5	§ 5.2.1	EN 196	
Loss on ignition	%	≤ 5	Table 4	EN 196-2	
Insoluble residue	%	≤ 5	Table 4	EN 196-2	
Sulphate (SO_3)	%	≤ 3.5	Table 4	EN 196-2	For 32.5[1] N[2], 32.5 R[3], 42.5 R
Sulphate (SO_3)	%	≤ 4.0	Table 4	EN 196-2	For 42.5 R, 52.5 N, 52.5 R
Chloride	%	≤ 0.1	Table 4	EN 196-2	
Physical requirements					
Compressive strength @ 2 days	MPa	32.5[1] N[2]: Not req. 32.5 R[3] : ≥ 10 42.5 N: ≥ 10 42.5 R: ≥ 20 52.5 N: ≥ 20 %2.5 R: ≥ 20	Table 3	EN 196	
Compressive strength @ 7 days	MPa	32.5 N: ≥ 12.0	Table 3	EN 196	
Compressive strength @ 28 days	MPa	32.5 N, 32.5 R : 32.5 to 52.5	Table 3	EN 196	
		42.5 N, 42.5 R: 42.5 to 62.5			
		52.5 N, 52.5 R ≥ 52.5			
Initial set	min	≥ 60 to 75	Table 3	EN 196	
Soundness (expansion)	mm	≤ 10	Table 3	EN 196	

[1] Strength class given by 28-day strength   [2] Ordinary early strength   [3] High early strength

Norme ASTM pour les pouzzolanes

Les tableaux ci-dessous sont extraits de la norme ASTM C618, Standard Specification for Coal Fly Ash and Raw or Calcined Natural Pozzolan for Use in Concrete.

Note: N = Pouzzolanes naturelles, F = Cendres siliceuses, C = Cendres silico-calciques

Propriétés chimiques normalisées

Class	N	F	C
Dioxyde de silicium (SiO_2) plus oxyde d'aluminium (Al_2O_3) plus oxyde de fer (Fe_2O_3), min, %	70.0	70.0	50.0
Trioxyde de soufre (SO_3), max, %	4.0	5.0	5.0
Teneur en humidité max, %	3.0	3.0	3.0
Perte au feu, max, %	10.0	6.0[A]	6.0

[A] L'utilisation de pouzzolane de classe F ayant une perte au feu ≤ 12,0 % peut être approuvée par l'utilisateur si les performances sont acceptables ou si des résultats d'essais en laboratoire sont à disposition.

Propriétés physiques normalisées

Class	N	F	C
Finesse:			
Pourcentage de matière retenue sur le tamis à 45 μm (No. 325), max, %	34	34	34
Indice d'activité: A			
Avec du ciment Portland , à 7 jours, min, pourcentage mesuré	75[B]	75[B]	75[B]
Avec du ciment Portland , à28 jours jours, min, pourcentage mesuré	75[B]	75[B]	75[B]
Demande en eau, max, pourcentage mesuré	115	105	105
Stabilité: C			
Expansion ou retrait à l'Autoclave, max, %	0.8	0.8	0.8
Exigences de régularité:			
La masse volumique et la finesse des échantillons individuels ne doivent pas s'écarter de la moyenne établie par les dix essais précédents, ou par tous les essais précédents si le nombre est inférieur à dix, de plus de			
Masse volumique, variation maximum par rapport à la moyenne, %	5	5	5
Pourcentage retenu à 45-μm (No. 325), variation maximum en nombre de points par rapport à la moyenne, %	5	5	5

A L'indice d'activité de résistance avec du ciment Portland ne doit pas être considéré comme une mesure de la résistance à la compression du béton contenant des cendres volantes ou de la pouzzolane naturelle. La masse de cendres volantes ou de pouzzolane naturelle spécifiée pour l'essai de détermination de l'indice de résistance-activité avec du ciment Portland n'est pas considérée comme la proportion recommandée pour le béton à utiliser dans l'ouvrage. La quantité optimale de cendres volantes ou de pouzzolane naturelle pour tout projet spécifique est déterminée par les propriétés requises du béton et des autres constituants du béton et doit être établie par des essais. L'indice d'activité de résistance avec le ciment Portland est une mesure de la réactivité avec un ciment donné. Cet indice est sujet à des variations en fonction de la source des cendres volantes ou de la pouzzolane naturelle et du ciment.

B Le respect de l'indice d'activité de force sur 7 jours ou 28 jours indiquera la conformité aux spécifications.

C Si les cendres volantes ou la pouzzolane naturelle constituent plus de 20 % en masse du matériau cimentaire dans le mélange du projet, les éprouvettes d'expansion en autoclave doivent contenir ce pourcentage prévu. Une dilatation excessive de l'autoclave est très importante dans les cas où les rapports eau / matériau cimentaire sont faibles, par exemple, dans les mélanges de blocs ou de béton projeté.

The tables below are taken from ASTM C618, Standard Specification for Coal Fly Ash and Raw or Calcined Natural Pozzolan for Use in Concrete.

Note: N = natural pozzolan, F = low lime fly-ash, C = high lime fly-ash

Standard Chemical Requirements

Class	N	F	C
Silicon dioxide (SiO_2) plus aluminium oxide (Al_2O_3) plus iron oxide (Fe_2O_3), min, %	70.0	70.0	50.0
Sulphur trioxide (SO_3), max, %	4.0	5.0	5.0
Moisture content, max, %	3.0	3.0	3.0
Loss on ignition, max, %	10.0	6.0[A]	6.0

[A] The use of Class F pozzolan containing up to 12.0 % loss on ignition may be approved by the user if either acceptable performance records or laboratory test results are made available.

Standard Physical Requirements

Class	N	F	C
Fineness:			
Amount retained when wet-sieved on 45 μm (No. 325) sieve, max, %	34	34	34
Strength activity index: A			
With Portland cement, at 7 days, min, per cent of control	75[B]	75[B]	75[B]
With Portland cement, at 28 days, min, per cent of control	75[B]	75[B]	75[B]
Water requirement, max, per cent of control	115	105	105
Soundness: C			
Autoclave expansion or contraction, max, %	0.8	0.8	0.8
Uniformity requirements:			
The density and fineness of individual samples shall not vary from the average established by the ten preceding tests, or by all preceding tests if the number is less than ten, by more than:			
Density, max variation from average, %	5	5	5
Per cent retained on 45-μm (No. 325), max variation in percentage points from average	5	5	5

[A] The *strength* activity index with Portland cement is not to be considered a measure of the compressive strength of concrete containing the fly ash or natural pozzolan. The mass of fly ash or natural pozzolan specified for the test to determine the *strength* activity index with Portland cement is not considered to be the proportion recommended for the concrete to be used in the work. The optimum amount of fly ash or natural pozzolan for any specific project is determined by the required properties of the concrete and other constituents of the concrete and is to be established by testing. *Strength* activity index with Portland cement is a measure of reactivity with a given cement and is subject to variation depending on the source of both the fly ash or natural pozzolan and the cement.

[B] Meeting the 7 day or 28 day *strength* activity index will indicate specification compliance.

[C] If the fly ash or natural pozzolan will constitute more than 20 % by mass of the cementitious material in the project mixture, the test specimens for autoclave expansion shall contain that anticipated percentage. Excessive autoclave expansion is highly significant in cases where water to cementitious material ratios are low, for example, in block or shotcrete mixtures.

Tableau A5

Comparaison entre les différentes normes pour l'utilisation des cendres volantes siliceuses dans les bétons

		USA	Canada	Europe			Russie				Chine		
		ASTM C618-98	CAN3-A23-MB2	EN450-2003[2]			25818-91				DL/T5055-1996		
				A	B	C	I	II	III	IV	I	II	III
Caractéristiques chimiques													
SiO₂+Al₂O₃+Fe₂O₃	(%)	>70		>65	>65	>65							
CaO	(%)			<11	<11	<11							
SO₃	(%)	<5.0	<5.0	<3.5	<3.5	<3.5	<3.0	<5.0	<3.0	<3.0	<3.0	<3.0	<3.0
MgO	(%)	<5.0		<4.5	<4.5	<4.5	<5.0	<5.0	none	<5.0			
Alcalins disponibles	(%)	<1.5		<5.5	<5.5	<5.5	<3.0	<3.0	<3.0	<3.0			
Perte au feu	(%)	<12.0[1]	<12.0	<7.0	<9.0	<11	<20	<25	<10	<10	<5	<8	<15
Caractéristiques chimiques													
Refus à 45µm	(%)	<34	<34	[4)			<20[5]	<30[5]	<20[5]	<20[5]	<12	<20	<45
Activité pouzzolanique	(%)	>75	>68	>70[3]	>70[3]	>70[3]					>75	>62	
Demande en eau	(%)	<105									<95	<105	<115
Expansion Autoclave	(%)	<0.8	<0.8										
Retrait de dessication	(%)	<0.03	<0.03										
Teneur en humidité	(%)	<3.0	<3.0								<1.0	<1.0	

Notes:
1. Après résultats satisfaisants sur des mélanges d'essai, sans mélanges d'essai la limite est de 6,0 %
2. Valeur limite pour un seul résultat. Pourcentages pondéraux
3. à 28 jours – 80% à 90 jours
4. Finesse 45% (Cat. N), 13% (Cat. S)
5. Pour charbon anthracite

Table A5
Comparison of Standards for Use of Low Lime Fly Ash in Concrete

		American	Canadian	European EN450-2003[2]			Russian 25818-91				Chinese DL/T5055-1996		
		ASTM C618-98	CAN3-A23-MB2	A	B	C	I	II	III	IV	I	II	III
Chemical properties:													
SiO$_2$+Al$_2$O$_3$+Fe$_2$O$_3$	(%)	> 70		>65	>65	>65							
CaO	(%)			<11	<11	<11							
SO$_3$	(%)	< 5.0	< 5.0	<3.5	<3.5	<3.5	< 3.0	< 5.0	< 3.0	< 3.0	< 3.0	< 3.0	< 3.0
MgO	(%)	< 5.0		<4.5	<4.5	<4.5	< 5.0	< 5.0	none	< 5.0			
Available alkalis	(%)	< 1.5		<5.5	<5.5	<5.5	< 3.0	< 3.0	< 3.0	< 3.0			
Loss-on-ignition	(%)	< 12.0[1]	< 12.0	<7.0	<9.0	<11	< 20	< 25	< 10	< 10	< 5	< 8	< 15
Physical properties													
Retained 45µm sieve	(%)	< 34	< 34		4)		< 20[5]	< 30[5]	< 20[5]	< 20[5]	< 12	< 20	< 45
Pozzolanic activity	(%)	> 75	> 68	>70[3]	>70[3]	>70[3]					> 75	> 62	
Water demand	(%)	< 105									< 95	< 105	< 115
Autoclave expansion	(%)	< 0.8	< 0.8										
Drying shrinkage	(%)	< 0.03	< 0.03										
Moisture content	(%)	< 3.0	< 3.0								< 1.0	< 1.0	

Notes:

1. After proving with trial mixes, without trial mixes limit is 6.0%
2. Limit values for single results. Percentages are by mass
3. at 28 days – 80% at 90 days
4. Fineness 45% (Cat. N), 13% (Cat. S)
5. for anthracite coal

Tableau A6

Exigences de différentes normes pour le laitier de Haut Fourneau granulé et broyé

Normes		USA ASTM 989			Europe EN151 67-1 2005	Canada CSAcA363 1983	Japon JIS A 6206 1997		
		G.80	G.10	G.120			Class 4000	Class 6000	Class 8000
Humidité %	%	-			≤ 1.0		≥ 2.80		
Teneur en verre %	%	-			≥ 67				
Surface spécifique	kg/m²	-			≥ 275		300 - 500	500 - 700	700 - 1000
Refus à 45 µm	%	≤ 20			-	≤ 20.0			
Perte au feu	%				≤ 3.0		≤ 3.0		
MgO	%				≤ 18		≤ 10.0		
S	%	≤ 2.5			≤ 2	≤ 2.5	≤ 2.0		
SO₃	%	≤ 4.0			≤ 2.5		≤ 4.0		
Cl	%				≤ 0.1		≤ 0.02		
Na₂O-Equ.					À la demande				
CaO + MgO + SiO₂					≥ 67				
(CaO+MgO)/SiO₂					≥ 1.0		≤ 1.4		
Résistance à la Compression									
2j						≥ 3.5			
7j						≥ 10.5			
Indice d'activité									
7j		-	≥ 75	≥ 95	≥ 45		≥ 55	≥ 75	≥ 95
28j		≥ 75	≥ 95	≥ 115	≥ 70		≥ 75	≥ 95	≥ 105
91j		-	-	-	-		≥ 95	≥ 105	≥ 105
Ajouts autorisés, gen. %	%				≤ 1.0		≤ 1		
SO₃	%						≤ 4		

Table A6
Standard requirements for ground blast furnace slag

Standards		American ASTM 989			European EN151 67-1 2005	Canadian CSAcA363 1983	Japanese JIS A 6206 1997		
							Class 4000	Class 6000	Class 8000
Moisture %	%	-			≤1.0				
Glass content %	%	-			≥67		≥2.80		
Specific surface	kg/m²	-			≥275		300 - 500	500 - 700	700 - 1000
Retained on 45 micron sieve	%	≤20			-	≤20.0			
Loss on ignition	%				≤3.0		≤3.0		
MgO	%				≤18		≤10.0		
S	%	≤2.5			≤2	≤2.5	≤2.0		
SO₃	%	≤4.0			≤2.5		≤4.0		
Cl	%				≤0.1		≤0.02		
Na₂O-Equ.					On demand				
CaO + MgO + SiO₂					≥67				
(CaO+MgO)/SiO₂					≥1.0		≤1.4		
Compression strength									
2d						≥3.5			
7d						≥10.5			
Activity index		G.80	G.10	G.120			Class 4000	Class 6000	Class 8000
7d		-	≥75	≥95	≥45		≥55	≥75	≥95
28d		≥75	≥95	≥115	≥70		≥75	≥95	≥105
91d		-	-	-	-		≥95	≥105	≥105
Permitted additions, gen. %	%	Up to max. SO₃ content			≤1.0		≤1		
SO₃	%						≤4		

117

Normes		USA	Europe	Canada	Japon	Chine
		ASTM C1240 – 04	EN 13263:2005	CAN/CSA A23.5 - 98	JIS A 6207 2000	GB/T18736-2002
SiO_2	%	> 85,0	> 85.0	> 85.0	> 85.0	> 85.0
SO_3	%		<2.0	<2.0	<2.0	
Cl	%		<0.3		<0.1	<0.2
CaO libre	%		<1.0		<1.0	
MgO	%				<5.0	
Si libre	%		<0.4			
Alcalis équivalents (Na_2O équivalent)	%	Indication à fournir				
Humidité	%	<3.0			<3.0	<3.0
Perte au feu	%	<6.0	<4.0	<6.0	<5.0	<6.0
Surface spécifique	m^2/kg	>15,000	15,000 to 35,000		>15,000	>15,000
Densité apparente, non densifiée		Indication à fournir				
Indice d'activité pouzzolanique	%	> 105 @ 7j, traitement accéléré	> 100 @ 28d, conservation normalisée		> 95 @ 7d, <105@28d, conservation normalisée	> 85 @28d, Conservation normalisée
Refus à 45 µm	%	<10		<10		
Variation par rapport à la moyenne à 45 µm	%-points	<5				
Densité apparente	kg/m^3	Indication à fournir				
Expansion Autoclave	%			<0.2		
Tendance à la formation de mousse				Pas de mousse		
Variation de la teneur en extrait sec par rapport à la valeur déclarée pour les suspensions	%-points		<2			
Demande en eau	%					< 125

Table A7
Standard requirements for silica fume

Standards		American	European	Canadian	Japanese	Chinese
		ASTM C1240 – 04	EN 13263:2005	CAN/CSA A23.5 - 98	JIS A 6207 2000	GB/T18736-2002
SiO$_2$	%	> 85.0	> 85.0	> 85.0	> 85.0	> 85.0
SO$_3$	%		<2.0	<2.0	<2.0	
Cl	%		<0.3		<0.1	<0.2
Free CaO	%		<1.0		<1.0	
MgO	%				<5.0	
Free Si	%		<0.4			
Available alkalis (Na$_2$O equivalent)	%	Report				
Moisture	%	<3.0			<3.0	<3.0
Loss on Ignition	%	<6.0	<4.0	<6.0	<5.0	<6.0
Specific surface	m^2/kg	>15,000	15,000 to 35,000		>15,000	>15,000
Bulk density, undensified		Report				
Pozzolanic Activity Index	%	> 105 @ 7d, accelerated cure	> 100 @ 28d, standard cure		> 95 @ 7d, <105@28d, standard cure	> 85 @28d, standard cure
Retained on 45 micron sieve	%	<10		<10		
Variation from average on 45 micron sieve	%-points	<5				
Density	kg/m^3	Report				
Autoclave expansion	%			<0.2		
Foaming				No foam		
Dry mass deviation from value declared in slurry	%-points		<2			
Water requirement ratio	%					< 125

119

ANNEXE B – MÉTHODES D'ESSAIS

Tableau B1
Méthodes d'essais pour les granulats

Norme	EN	ASTM
Échantillonnage	EN 932-1, EN 932-2	ASTM D 75, ASTM D 3665
Examen pétrographique	EN 932-3	ASTM C 295
Éléments légers	-	ASTM C 123
Résistance à la fragmentation par abrasion pour les granulats de petite dimension	EN 1097-2	ASTM C 131
Résistance à la fragmentation par abrasion pour les gros granulats	EN 1097-2	ASTM C 535
Absorption d'eau	EN 1097-6, EN 1097-6/A1	ASTM C 566 ASTM 127
Éléments argileux et friables	-	ASTM C 142
Éléments plats et allongés	EN 933-3, EN 933-4	-
Chaille	-	ASTM C 123
Charbon et lignite	EN 1744-1	ASTM C 123
Impuretés organiques	EN 1744-1	ASTM C 40
Actions des impuretés organiques sur les résistances	EN 12620	ASTM C 87
Stabilité	EN 1367-1	ASTM C 88
Granulométrie	EN 933-1	ASTM C 136
Module de finesse	EN 12620	ASTM C 136
Matériaux $\leq$ 0.075 mm (0.063 mm)	EN 933-1	ASTM C 117
Réaction Alcalis/Granulats	-	ASTM C 1260, ASTM C 1293
Densité apparente en vrac	EN 1097-3	ASTM C 29
Masse volumique	EN 1097-6, 1097-6/A1	-
Résistance à l'altération pour les basaltes	EN 1367-1	-
SO_3 soluble dans l'acide	EN 1744-1	-
Teneur en soufre total (S)	EN 1744-1	
Cl	EN 1744-5	-
Réaction Alcalis/Silice	-	ASTM C 1260 ASTM C 1293
Réaction Alcalis/Carbonates	-	ASTM C 586 ASTM C 1105

APPENDIX B – TESTING STANDARDS

Table B1
Test standards for aggregate

Standard	EN	ASTM
Sampling of aggregates	EN 932-1, EN 932-2	ASTM D 75, ASTM D 3665
Petrographic examination	EN 932-3	ASTM C 295
Light-weight Particles	-	ASTM C 123
Resistance to Degradation of small size Coarse Aggregates by Abrasion	EN 1097-2	ASTM C 131
Resistance to Degradation of large size Coarse Aggregates by Abrasion	EN 1097-2	ASTM C 535
Water absorption	EN 1097-6, EN 1097-6/A1	ASTM C 566 ASTM 127
Clay lumps and friable particles	-	ASTM C 142
Flat and elongated particles	EN 933-3, EN 933-4	-
Chert	-	ASTM C 123
Coal and lignite	EN 1744-1	ASTM C 123
Organic impurities	EN 1744-1	ASTM C 40
Effect of organic impurities on strength	EN 12620	ASTM C 87
Soundness	EN 1367-1	ASTM C 88
grading	EN 933-1	ASTM C 136
Fineness modulus	EN 12620	ASTM C 136
Material finer than 0.075 mm (0.063 mm)	EN 933-1	ASTM C 117
Alkali - Silica reaction	-	ASTM C 1260, ASTM C 1293
Bulk density	EN 1097-3	ASTM C 29
Density	EN 1097-6, 1097-6/A1	-
Alteration resistance of basalt	EN 1367-1	-
Acid soluble SO_3	EN 1744-1	-
Total Sulphate content (S)	EN 1744-1	
Cl	EN 1744-5	-
Alkali - Silica reaction	-	ASTM C 1260 ASTM C 1293
Alkali – Carbonate Rock reaction	-	ASTM C 586 ASTM C 1105

Méthodes d'essais pour les ciments

Normes	EN	ASTM
Echantillonnage	EN 196-7	ASTM C 183
Résistance à la compression	EN 196-1	ASTM C 109
Résistance à la flexion	EN 196-1	ASTM C 348
Temps de prise	EN 196-3	ASTM C 191
Stabilité	EN 196-3	ASTM C 151
Finesse	EN 196-6	ASTM C 204
Chaleur d'hydratation	EN 196-9	ASTM C 186
Teneur en air		ASTM C 185
CaO	EN 196-2	ASTM C 114
CaO libre	EN 196-2	ASTM C 114
SiO_2	EN 196-2	ASTM C 114
MgO	EN 196-2	ASTM C 114
Al2O_3	EN 196-2	ASTM C 114
SO_3	EN 196-2	ASTM C 114
Fe_2O_3	EN 196-2	ASTM C 114
Cl	EN 196-2	ASTM C 114
K_2O	EN 196	ASTM C 114
Na_2O	EN 196	ASTM C 114
Perte au feu	EN 196-2	ASTM C 114
Résidu insoluble	EN 196-2	ASTM C 114
Résistance aux sulfates	-	ASTM C 452

Table B2
Test standards for aggregate

Standard	EN	ASTM
Sampling	EN 196-7	ASTM C 183
Compressive strength	EN 196-1	ASTM C 109
Flexural strength	EN 196-1	ASTM C 348
Setting time	EN 196-3	ASTM C 191
Soundness	EN 196-3	ASTM C 151
Fineness	EN 196-6	ASTM C 204
Heat of hydration	EN 196-9	ASTM C 186
Air content		ASTM C 185
CaO	EN 196-2	ASTM C 114
CaO free	EN 196-2	ASTM C 114
SiO_2	EN 196-2	ASTM C 114
MgO	EN 196-2	ASTM C 114
$Al2O_3$	EN 196-2	ASTM C 114
SO_3	EN 196-2	ASTM C 114
Fe_2O_3	EN 196-2	ASTM C 114
Cl	EN 196-2	ASTM C 114
K_2O	EN 196	ASTM C 114
Na_2O	EN 196	ASTM C 114
Loss on Ignition	EN 196-2	ASTM C 114
Insoluble residue	EN 196-2	ASTM C 114
Sulphate resistance	-	ASTM C 452

Méthodes d'essais pour les cendres volantes

Normes	EN	ASTM
Teneur en humidité		ASTM C 311
Indice d'activité	EN 196-1	ASTM C111
Finesse	EN 451-2, EN 196-6	ASTM C 311
Demande en eau	-	ASTM C 311
Masse volumique	ASTM C 188	ASTM C 311
Stabilité	EN 196-3	ASTM C 311
CaO	EN 196-2	ASTM C 114
CaO libre	EN 451-1	ASTM C 114
SiO_2	EN 196-2	ASTM C 114
Fe_2O_3	-	ASTM C 311
MgO	EN 196	ASTM C 114
Al_2O_3	EN 196-2	ASTM C 114
SO_3	ÖN B 3309	ASTM C 114
Cl	EN 196-21	ASTM C 114
K_2O	EN 196-21	ASTM C 311
Na_2O	EN 196-21	ASTM C 311
Perte au feu	EN 450	ASTM C 114
Carbone résiduel (TOC)	EN 13639	-
Résistance aux sulfates	Procédure Koch-Steinegger	ASTM C 311

Table B3
Testing standards for fly-ash

Standard	EN	ASTM
Moisture content		ASTM C 311
Activity	EN 196-1	ASTM C111
Fineness	EN 451-2, EN 196-6	ASTM C 311
Water requirement	-	ASTM C 311
Density	ASTM C 188	ASTM C 311
Soundness	EN 196-3	ASTM C 311
Moisture content	-	ASTM C 311
CaO	EN 196-2	ASTM C 114
CaO free	EN 451-1	ASTM C 114
SiO_2	EN 196-2	ASTM C 114
Fe_2O_3	-	ASTM C 311
MgO	EN 196	ASTM C 114
Al_2O_3	EN 196-2	ASTM C 114
SO_3	ÖN B 3309	ASTM C 114
Cl	EN 196-21	ASTM C 114
K_2O	EN 196-21	ASTM C 311
Na_2O	EN 196-21	ASTM C 311
Loss on Ignition	EN 450	ASTM C 114
Rest of carbon (TOC)	EN 13639	-
Sulphate resistance	Koch-Steinegger Procedure	ASTM C 311

Tableau B4
Méthodes d'essais pour le laitier de haut-fourneau granulé et broyé

Normes	EN	ASTM
Indice d'activité	EN 196-1 (mélange of 75% ciment and 25% laitier)	ASTM C 989
Finesse	EN 451-2	ASTM C 430
Surface spécifique	EN 196-6	ASTM C 204
Masse volumique	EN 196-6	ASTM C 188
Stabilité	EN 196-3 (50% ciment, 50 % laitier)	-
Teneur en air	-	ASTM C 185
Expansion autoclave	ASTM C 151	ASTM C 151
Prévention d'expansion excessive du béton dûe à la RAG	-	ASTM C 441
CaO	EN 196-2	-
SiO_2	EN 196-2	-
MgO	EN 196-2	-
Al_2O_3	EN 196-2	-
SO_3	EN 196-2	C 114
S	EN 196-2	C 114
Cl	EN 196-21	C 114
K_2O	EN 196-21	-

Table B4
Test procedures for ground granulated blastfurnace slag

Standard	EN	ASTM
Activity Index	EN 196-1 (mix of 75% cement and 25% fly-ash)	ASTM C 989
Fineness	EN 451-2	ASTM C 430
Specific surface	EN 196-6	ASTM C 204
Density	EN 196-6	ASTM C 188
Soundness	EN 196-3 (50% cement, 50 % fly-ash)	-
Air content	-	ASTM C 185
Autoclave expansion	ASTM C 151	ASTM C 151
Preventing Excessive Expansion of Concrete Due to the Alkali-Silica Reaction	-	ASTM C 441
CaO	EN 196-2	-
SiO_2	EN 196-2	-
MgO	EN 196-2	-
Al_2O_3	EN 196-2	-
SO_3	EN 196-2	C 114
S	EN 196-2	C 114
Cl	EN 196-21	C 114
K_2O	EN 196-21	-
Na_2O	EN 196-21	-
Rest of carbon (TOC)	EN 13639	-
Glass content	EN 197-1	-
Sulphate resistance,	Koch-Steinegger Procedure	ASTM C 452

Méthodes d'essai pour la fumée de silice

Normes	EN	ASTM
Échantillonnage	EN 196-7	ASTM C 311
Indice d'activité	EN 13263-1	ASTM C 311
Finesse	-	ASTM C 430
Surface spécifique	ISO 9277	-
Masse volumique	-	ASTM C 188
Extrait sec (pour les suspensions)	EN 13263-1	-
Teneur en humidité	-	ASTM C 311
Expansion autoclave	-	ASTM C 151
Résistance aux sulfates	-	ASTM C 1012
Fe_2O_3	-	ASTM C 114
Si libre	ISO 9286	
SiO_2	EN 196-2	ASTM C 114
Al_2O_3	-	ASTM C 114
SO_3	EN 196-2	ASTM C 114
CaO libre	EN 451-1	-
CaO	-	ASTM C 114
MgO	-	ASTM C 114
K_2O	EN 196-2	ASTM C 114
Na_2O	EN 196-2	ASTM C 114
Cl	EN 196-2	ASTM C 114
Perte au feu	EN 196-2	ASTM C 114

Tableau B6
Méthodes d'essais pour les pouzzolanes naturelles

Normes	ASTM	Normes	ASTM
Échantillonnage	ASTM C 311	SiO_2	ASTM C 114
Indice d'activité	ASTM C 311	Al_2O_3	ASTM C 114
Finesse	ASTM C 430	SO_3	ASTM C 114
Masse volumique	ASTM C 188	CaO	ASTM C 114
Teneur en humidité	ASTM C 311	MgO	ASTM C 114
Expansion autoclave	ASTM C 151	K_2O	ASTM C 311
Résistance aux sulfates	ASTM C 1012	Na_2O	ASTM C 311
RAG	ASTM C 441	Perte au feu	ASTM C 114
Fe_2O_3	ASTM C 114		

Standard	EN	ASTM
Sampling	EN 196-7	ASTM C 311
Activity Index	EN 13263-1	ASTM C 311
Fineness	-	ASTM C 430
Specific surface	ISO 9277	-
Density	-	ASTM C 188
Dry mass (for suspension)	EN 13263-1	-
Moisture content	-	ASTM C 311
Autoclave expansion	-	ASTM C 151
Sulphate resistance	-	ASTM C 1012
Fe_2O_3	-	ASTM C 114
Si free	ISO 9286	
SiO_2	EN 196-2	ASTM C 114
Al_2O_3	-	ASTM C 114
SO_3	EN 196-2	ASTM C 114
CaO free	EN 451-1	-
CaO	-	ASTM C 114
MgO	-	ASTM C 114
K_2O	EN 196-2	ASTM C 114
Na_2O	EN 196-2	ASTM C 114
Cl	EN 196-2	ASTM C 114
Loss on ignition	EN 196-2	ASTM C 114

Table B6
Testing standards for natural pozzolan

Standard	ASTM	Standard	ASTM
Sampling	ASTM C 311	SiO_2	ASTM C 114
Activity Index	ASTM C 311	Al_2O_3	ASTM C 114
Fineness	ASTM C 430	SO_3	ASTM C 114
Density	ASTM C 188	CaO	ASTM C 114
Moisture content	ASTM C 311	MgO	ASTM C 114
Autoclave expansion	ASTM C 151	K_2O	ASTM C 311
Sulphate resistance	ASTM C 1012	Na_2O	ASTM C 311
Alkali-Silica Reaction	ASTM C 441	Loss on ignition	ASTM C 114
Fe_2O_3	ASTM C 114		

Tableau B7
Méthodes d'essais pour les argiles calcinées

Standard	EN	ASTM
SiO_2	EN 196-2	ASTM C 114
Al_2O_3	EN 196-2	ASTM C 114
Cl	EN 196-2	ASTM C 114
SO_3	EN 196-2	ASTM C 114
CaO libre	EN 451-1	ASTM C 114
Alcalins totaux (Na_2O_3 équivalent)	EN 196-2	ASTM C 114
MgO	EN 196-2	ASTM C 114
Perte au feu	EN 196-2	
Essai au bleu de méthylène	EN 933-9	
$Ca(OH)_2$	>Annexe A NF P 18-513	
Masse volumique	EN 196-6	ASTM C 188
Finesse	EN 933-1	ASTM C 430
Indice d'activité	EN 196-1 (85% ciment, 15% <argile calcinée)	ASTM C 311
Demande en eau	EN 196-3 (85% ciment, 15% Argile calcinée)	ASTM C 311
Temps de prise	EN 196-3 (85% ciment, 15% Argile calcinée)	ASTM C 191
Stabilité	EN 196-3 (85% ciment, 15% Argile calcinée)	ASTM C 151
Extrait sec	5.3.7 NF P 18-513	

Tableau B8
Méthodes d'essais pour tout type d'adjuvants – Exigences de base

Normes	EN	ASTM
Homogénéité	Visuel	-
Couleur	Visuel	-
Composants actifs	EN480-6	-
Densité relative (seulement pour les adjuvants liquides)	ISO 758	-
Extrait sec conventionnel (adjuvants liquides)	EN 480-8	ASTM C 494
Résidu après passage au four (adjuvants en poudre)	-	ASTM C 494
Poids spécifique (adjuvants liquides)	-	ASTM C 494
pH v	ISO 4316	ASTM E 70
Chlorures totaux	ISO 1158	-
Chlorures solubles dans l'eau	EN 480-10	-
Teneur en alcalis	EN 480-12	-
Analyse infrarouge	-	ASTM C 494

Table B7
Testing standards for calcined pozzolan

Standard	EN	ASTM
SiO_2	EN 196-2	ASTM C 114
Al_2O_3	EN 196-2	ASTM C 114
Cl	EN 196-2	ASTM C 114
SO_3	EN 196-2	ASTM C 114
Free CaO	EN 451-1	ASTM C 114
Total alkaline content (Na_2O_3 equivalent)	EN 196-2	ASTM C 114
MgO	EN 196-2	ASTM C 114
Loss on ignition	EN 196-2	
Methyl blue test	EN 933-9	
$Ca(OH)_2$	>Annex A NF P 18-513	
density	EN 196-6	ASTM C 188
Fineness	EN 933-1	ASTM C 430
Activity index	EN 196-1 (85% cement, 15% calcined Pozzolan)	ASTM C 311
Water demand	EN 196-3 (85% cement, 15% calcined Pozzolan)	ASTM C 311
Setting time	EN 196-3 (85% cement, 15% calcined Pozzolan)	ASTM C 191
Soundness	EN 196-3 (85% cement, 15% calcined Pozzolan)	ASTM C 151
Dry content	5.3.7 NF P 18-513	

Table B8
Test procedures for all types of admixtures, general requirements

Standard	EN	ASTM
Homogeneity	Visual	-
Colour	Visual	-
Effective component	EN480-6	-
Relative density (for liquids only)	ISO 758	-
Conventional dry material content (liquid admixtures)	EN 480-8	ASTM C 494
Residue by oven drying (non liquid Admixtures)	-	ASTM C 494
Specific gravity (liquid admixtures)	-	ASTM C 494
pH value	ISO 4316	ASTM E 70
Total chloride	ISO 1158	-
Water soluble chloride	EN 480-10	-
Alkali content	EN 480-12	-
Infrared Analysis	-	ASTM C 494

Tableau B9
Méthodes d'essais complémentaires pour les adjuvants réducteurs d'eau

Standard		EN	ASTM
Réduction d'eau	VeBe	EN 12350-3	ASTM C1170
	Slump	EN 12350-2	ASTM C 143
		EN 12350-5	ASTM C 138
Résistance à la compression		EN 12390-3	ASTM C 192; ASTM C 39
Résistance à la flexion		-	ASTM C 78
Masse volumique		EN 12350-6	ASTM C 138
Teneur en air du mortier frais		EN 12350-7	ASTM C 231
Retrait		-	ASTM C 157
Ressuage sur béton		EN 480-4	ASTM C 232

Tableau B10
Méthodes d'essais complémentaires pour les adjuvants entraîneurs d'air

Normes	EN	ASTM
Teneur en air du béton frais	EN 12350-7	ASTM C 231
Teneur en air occlus du béton durci	EN 480-11	ASTM C 457
Masse volumique	EN 12350-6	ASTM C 138
Résistance à la compression	EN 12390-3	ASTM C 192; ASTM C 39
Résistance à la flexion	-	ASTM C 78
Retrait	-	ASTM C 157
Ressuage sur béton	EN 480-4	ASTM C 232

Pour les normes EN, utiliser un mortier/béton de référence selon EN 480-1.

Tableau B11
Méthodes d'essais complémentaires pour les adjuvants retardateurs de prise

Normes	EN	ASTM
Temps de prise	EN 480-2	ASTM C 403
Résistance à la compression	EN 12390-3	ASTM C 192; ASTM C 39
Résistance à la flexion	-	ASTM C 78
Masse volumique	EN 12350-6	ASTM C 138
Teneur en air du béton frais	EN 12350-7	ASTM C 231
Retrait	-	ASTM C 157
Ressuage sur béton	EN 480-4	ASTM C 232

Pour les normes EN, utiliser un mortier/béton de référence selon EN 480-1.

Table B9
Additional Test procedures for water reducing admixtures

Standard		EN	ASTM
Water reduction	VeBe	EN 12350-3	ASTM C1170
	Slump	EN 12350-2	ASTM C 143
	Flow	EN 12350-5	ASTM C 138
Compressive strength		EN 12390-3	ASTM C 192; ASTM C 39
Flexural strength		-	ASTM C 78
Density		EN 12350-6	ASTM C 138
Air content in fresh mortar		EN 12350-7	ASTM C 231
Shrinkage		-	ASTM C 157
Bleeding of the concrete		EN 480-4	ASTM C 232

Table B10
Additional Test procedures for air entraining admixtures

Standard	EN	ASTM
Air content in fresh concrete	EN 12350-7	ASTM C 231
Air void characteristic in hardened concrete	EN 480-11	ASTM C 457
Density	EN 12350-6	ASTM C 138
Compressive strength	EN 12390-3	ASTM C 192; ASTM C 39
Flexural strength	-	ASTM C 78
Shrinkage	-	ASTM C 157
Bleeding of the concrete	EN 480-4	ASTM C 232

For EN Standard use reference mortar/concrete according to EN 480-1.

Table B11
Additional Test procedures for set retarding admixtures

Standard	EN	ASTM
Setting time	EN 480-2	ASTM C 403
Compressive strength	EN 12390-3	ASTM C 192; ASTM C 39
Flexural strength	-	ASTM C 78
Density	EN 12350-6	ASTM C 138
Air content in fresh concrete	EN 12350-7	ASTM C 231
Shrinkage	-	ASTM C 157
Bleeding of the concrete	EN 480-4	ASTM C 232

For EN Standard use reference mortar/concrete according to EN 480-1

Tableau B12
Méthodes d'essais complémentaires pour les adjuvants réducteurs d'eau et retardateurs de prise

Normes		EN	ASTM
Réduction d'eau	slump	12350-2	ASTM C 143
	VeBe	12350-3	ASTM C1170
		12350-5	ASTM C 138
Résistance à la compression		12390-3	ASTM C 192
Résistance à la flexion		-	ASTM C 78
Temps de prise		480-2	ASTM C 403
Masse volumique		12350-6	ASTM C 138
Teneur en air du béton frais		12350-7	ASTM C 231
Retrait		-	ASTM C 157
Ressuage sur béton		-	ASTM C 232

Pour les normes EN, utiliser un mortier/béton de référence selon EN 480-1.

Tableau B13
Méthodes d'essais complémentaires pour l'eau de gâchage

Normes	EN	ASTM
Echantillonnage	EN 1008	-
Huiles et graisses	EN 1008	
Couleur	EN 1008	
Matière en suspension	EN 1008	ASTM C 1603
Arôme	EN 1008	
pH	EN 1008	
Matières végétales	EN 1008	
Cl	EN 196-21	ASTM C 114
SO_4	EN 196-2	ASTM C 114
K_2O	EN 196-21	ASTM C 114
Na_2O	EN 196-21	ASTM C 114
Sucre	-	ASTM C 114
P_2O_5	-	ASTM C 114
NO_3	ISO 7890-1	ASTM C 114
Pb^{2+}	-	ASTM C 114
Zn^{2+}	-	ASTM C 114

Table B12
Additional Test procedures for water reducing and retarding admixture

Standard		EN	ASTM
Water reduction	slump	12350-2	ASTM C 143
	VeBe	12350-3	ASTM C1170
	Flow	12350-5	ASTM C 138
Compressive strength		12390-3	ASTM C 192
Flexural strength		-	ASTM C 78
Setting time		480-2	ASTM C 403
Density		12350-6	ASTM C 138
Air content in fresh mortar		12350-7	ASTM C 231
Shrinkage		-	ASTM C 157
Bleeding of the concrete		-	ASTM C 232

For EN Standard use reference mortar/concrete according to EN 480-1

Table B13
Test procedures for mixing water

Standard	EN	ASTM
Sampling	EN 1008	-
Oil and fat	EN 1008	
Colour	EN 1008	
Particulate material	EN 1008	ASTM C 1603
Aroma	EN 1008	
pH	EN 1008	
Humus	EN 1008	
Cl	EN 196-21	ASTM C 114
SO_4	EN 196-2	ASTM C 114
K_2O	EN 196-21	ASTM C 114
Na_2O	EN 196-21	ASTM C 114
Sugar	-	ASTM C 114
P_2O_5	-	ASTM C 114
NO_3	ISO 7890-1	ASTM C 114
Pb^{2+}	-	ASTM C 114
Zn^{2+}	-	ASTM C 114

Printed in the United States
by Baker & Taylor Publisher Services